积极生活
的理由

孙周兴 著

浙江教育出版社·杭州

目录 CONTENTS

第一章　何为未来哲学？未来哲学何为？
引言：何为未来哲学？　　　　　　　　　　　　／3
人类世与技术统治　　　　　　　　　　　　　　／7
虚无与虚无主义　　　　　　　　　　　　　　　／10
实存与实存哲学　　　　　　　　　　　　　　　／14
解构与哲思风格　　　　　　　　　　　　　　　／17
二重性与非同一性思维　　　　　　　　　　　　／21
圆性时间或非线性时间　　　　　　　　　　　　／24
超人与未来人问题　　　　　　　　　　　　　　／28
结语：未来哲学何为？　　　　　　　　　　　　／31

第二章　既抒情又戏谑的哲思是如何成为可能的？
　　　　——一次关于尼采诗歌的探讨
从抒情诗到《酒神颂歌》　　　　　　　　　　　／40
格言与哲学的戏谑之风　　　　　　　　　　　　／51
既抒情又戏谑的哲思是如何成为可能的？　　　　／61

目录 CONTENTS

第三章　自然人类技术化的限度何在？
对基因编辑的恐慌是自然人类的正常反应　　/67
只有关怀未来的哲学才可能具有真切的历史感　　/71
"虚无主义"已经进展为"技术虚无主义"　　/75
我们需要抵抗，但不是一味地反技术　　/81

第四章　什么是最后的斗争？
——艺术人文学的新使命
从马克思时代开始文科就落伍了　　/90
当今知识状况："人的科学"之争　　/96
什么是最后的斗争？　　/101

第五章　如何重建人类世的确信？
确信是自然人类的天性要求　　/111
两种确信方式：存在确信与救恩确信　　/116
自我-存在确信招致深度自欺和理性幻觉　　/125
人类世概念表明文明进入不确定状态　　/129
如何重建人类世的确信？　　/133

第六章　虚无是否定生命的理由？
——尼采与新生命哲学的开端

尼采：叔本华 + 瓦格纳	/149
虚无作为哲学主题	/155
虚无主义何以是必然的？	/160
虚无不是消极生活的理由	/167

第七章　再问：这个世界还会好吗？
——一种未来哲学的追问

问题：这个世界还会好吗？	/179
什么是技术生活世界？	/182
技术生活世界的基本变量	/190
当代/未来艺术和哲学的任务	/202
再问：这个世界还会好吗？	/210

后记　/215

技术统治时代的人类生活经验需要未来哲学的表达。

第一章

何为未来哲学？
未来哲学何为？[1]

---

[1] 系作者于 2021 年 10 月 23 日晚以"未来哲学的基本概念"为题在南昌大学哲学系做的演讲，根据演讲稿扩充成文。本文可视为对拙著《人类世的哲学》（商务印书馆，2020）的核心概念和主要问题的一次综述。

何为未来哲学？就西方欧洲而言，传统哲学作为自然人类精神表达体系的重要组成部分，是自然人类为克服线性时间的无限流失而构造的先验形式—观念体系，以"普遍化"（形式化 + 总体化）为基本方式，而且以"形式化"为理想，相应地在方法上以推论 / 论证 / 辩护为主体，其哲思具有历史性指向；与之相对，起步于 19 世纪中期的未来哲学则是技术工业时代或者说技术人类的精神表达，它具有弱形式化和弱推论的特征，而且掉转目光，采取了未来定向方式 / 形式。本演讲试图厘清未来哲学的基本概念，诸如"人类世""虚无""实存""解构""二重性""圆性时间""超人"等，由此切入相关的基本问题，从多重角度探讨未来哲学或哲学之未来，揭示和确认未来哲学的几个基本预设，进而追问：未来哲学何为？

第一章 | 何为未来哲学？未来哲学何为？

引言：何为未来哲学？

"未来哲学"是我对具有未来定向的现当代哲学的一个命名，它是对技术统治时代技术人类生活经验的表达。"未来哲学"在起源上要追溯到19世纪中期的路德维希·安德列斯·费尔巴哈，他于1843年出版《未来哲学原理》，第一个提出"未来哲学"理念；马克思的《1844年经济学哲学手稿》具有"未来哲学"的指向，而1848年马克思、恩格斯的《共产党宣言》同样可视为一个"未来哲学"宣言。

"未来哲学"后来也成为弗里德里希·威廉·尼采在其晚期哲学中的哲思重点，他在写成《查拉图斯特拉如是说》（1885年）之后直到发疯（1889年1月）前，即所谓《权力意志》时期",不断构想一种"未来哲学",除了把《善恶的彼岸》(1886年)一书的副标题设为"一种未来的哲学序曲"之外,还留下了大量相关的残篇笔记。

更晚近的现象学和实存哲学(所谓"存在主义"),特别是马丁·海德格尔的哲思,进一步推进了"未来哲学"。前期海德格尔的《存在与时间》旨在重建本体论/存在学,着眼点却是以"未来/将来"为导向的非线性的实存论时间观;后期在其具有思想纲领性的文本《哲学论稿》中,海德格尔对技术统治时代的人类处境和命运做了全面探讨和深思,形成所谓"存在/存有历史"观,即"第一开端－形而上学－另一开端"这样一个大尺度的文明判断,认为技术工业是构成"另一开端"或新"转向"的基本动力。

与"未来哲学"相应的是"未来艺术",它源自音乐和戏剧大师理查德·瓦格纳,他于1850年著《未来的艺术作品》一书,并提出"总体艺术作品"(Gesamtkunstwerk)概念,开当代艺术之先河。战后勃兴的当代艺术在哲学上深受20世纪上半叶的现象学和实存哲学的影响。人们通常把杜尚的作品《泉》[1](1917年)设定为当代艺术的起点,但我以为

---

1 一个男用小便器。

这并不确当,因为在艺术观念和艺术实践的双重层面上,当代艺术的真正开端是理查德·瓦格纳,真正的完成者则是第二次世界大战后的当代艺术大师约瑟夫·博伊斯。现在我更愿意把当代艺术视为"未来艺术"的基体,也把"未来艺术"视为对博伊斯"扩展的艺术概念"的再拓展。

那么,"未来哲学"是如何产生的?艺术人文学(一般所谓人文科学)向来具有"历史性",是"历史学的人文科学",几成一大陋习:文人们通过虚构一个美好的过去时代来贬低现实,无视未来。此为自然人类偏好的"乐园模式"。为什么到了19世纪中期,会有这么多哲学家和艺术家来关注"未来",形成关于未来的哲思与诗艺——未来之思和未来之艺?它们到底出于何种动因?

关于"未来哲学"的起因,我想可以简述两点。其一,是时代-世界之变。第一次工业革命(18世纪60年代始)开始约一个世纪后,技术工业(大机器生产)的效应初显,资本主义的生产和生活方式已经形成,特别是电力的发明使欧洲人真正进入了光明的技术新世界;而通过全球殖民化,其他非欧民族也开始被卷入。世界变了,而且是彻底地变了。其二,是相应的精神价值之变。在一个技术新世界里,自然人类的精神表达体系和传统价值体系面临崩溃。马克思预感到了这种由技术工业导致的文明巨变,才会在 19 世纪 40 年代形成关于资本主义生产关系的判断以及对未来理想社会的构想;尼采则以"上帝死了"宣告了这种崩溃。人们常说的"百年未有之大变局",实际上是"千年未有之变",更准确地说,是"两千五百年以来自然人类文明遭遇的大变"。

　　这个大变局,我们今天就可以表达为自然人类文明向技术人类文明的转换。地质学家和哲学家们所谓的"人类世"也要在这个意义上来理解。在此意义上,我们重提和强调的"未来哲学"就是"人类世的哲学"。

第一章 | 何为未来哲学？未来哲学何为？

人类世与技术统治[1]

什么是"人类世"（Anthropocene）？作为一个地质学概念，"人类世"指的是"人类纪"（Anthropogene），即新生代第四纪里继"更新世"和"全新世"之后的一个新世代。"全新世"（Holocene）始于11 700年前；现在地质学家们主张：以20世纪中期（1945年）为转折点，"全新世"结束，地球进入一个新世代，即"人类世"。

地质学对"人类世"的规定其实只有一个依据，即人类的活动可以改变地球存在和运动了。地质学的证据来自地

---

[1] 有关"人类世与技术统治"的更详细的讨论，可参看孙周兴《人类世的哲学》，特别是其中第二编，商务印书馆，2020年，第73页以下。

层,包括放射性元素含量、二氧化碳含量、工业制品(混凝土、塑料和金属)、地球表面改造痕迹、氮含量、工业化导致的气温上升、第六次大规模物种灭绝等。这些都充分表明:人类已不再是单纯的自然生物,而是成了影响地球地形和地球进化的地质力量。按照以色列历史学家尤瓦尔·赫拉利(Yuval Noah Harari)的说法,"自从生命在大约40亿年前出现后,从来没有任何单一物种能够独自改变全球生态"[1]。简而言之,在"人类世"里,人类成了"地球主人"。

"人类世"也是一个哲学概念,一些当代哲学家意识到这个原本属于地质学的概念所具有的哲学意义。那么,"人类世"在哲学上意味着什么呢?我认为至少意味着技术统治时代的到来,或者干脆说,"人类世"=技术统治时代。我们今天大有必要区分"自然人类文明"与"技术人类文明",与此相对应,我们也有必要区分"政治统治"与"技术统治"。"自然人类文明"的统治方式是政治统治(程度不等的商讨),而"技术人类文明"的统治方式则已经切换为技术统治了。或者说,在技术工业时代里,技术统治已经压倒了政治统治。政治统治在今天依然是必需的,而且可能随着社会

---

[1] 尤瓦尔·赫拉利.未来简史[M].林俊宏,译.北京:中信出版社,2017:66.

可交往性的扩大而变得越来越必要，但它是与技术统治形式纠缠在一起的。赫拉利认为，"科技革命的脚步快到让政治追不上……科技已有了神一般的能力，政治却短视而无远景"[1]。

于是，对于海德格尔所思的"存在历史"，我们也必须进行重新理解。海德格尔为我们描述了一个历史图景，认为"存在历史"（Seinsgeschichte）有两个"开端"（Anfang）和两个"转向"（Kehre）。今天我们可以认为，海德格尔所谓的第一个转向即雅斯贝斯所说的"轴心时代"，就是自然人类精神表达体系的建立，是早期文艺样式向哲学、科学、理论样式的转换；第二个转向是"人类世"，就是自然人类文明向技术人类文明的转向。正是在此意义上，海德格尔谈论"哲学的终结与思想的任务"，即我们说的"未来哲学"或"人类世的哲学"。要知道海德格尔是在"二战"的炮火声中开展这种思考的，其成果主要体现在 1936—1938 年完成、生前未出版的代表作《哲学论稿》中。

虽然没有字面上的直接联系，但海德格尔的"存在历史"的"另一开端"和"另一转向"正是以尼采的"虚无主义"命题为前提的。

---

[1] 尤瓦尔·赫拉利. 未来简史 [M]. 林俊宏, 译. 北京：中信出版社, 2017: 343.

虚无与虚无主义[1]

虚无是人生的根本问题，虚无主义是时代的根本问题。每个时代的每个个体都有虚无问题，因为人终有一死，人总是面临死亡，死亡是个体存在的终极可能性；每个时代都有虚无主义，表现形式不同而已，但只有在技术工业时代里，也可以说在"人类世"，虚无主义才真正成为一大时代命题，而且更多地被视为一个顽症、一道现代性难题。众所周知，尼采在这方面起到了关键作用，正是他使虚无主义成为一个严肃冷峻的形而上学问题，这在我看来也是一个"人类世"

---

[1] 更详细的讨论可参看本书第8篇文章"虚无是否定生命的理由吗？"。

的问题。

尼采的虚无主义言说的第一要义在于"解构",在于"重估一切价值"。所有形而上学根本上都是"价值形而上学",因为自然人类一切文化活动的结果都是价值构成物。而形而上学的核心部分是哲学和宗教(基督教神学),两者本质上都是"柏拉图主义",也即都是主张"另一个世界"的"彼世论"[1],其要点在于假定:此世虚妄,没有任何意义,人生在世要以"彼世"或"另一个世界"为追求的理想目标。柏拉图主义的哲学构造了一个无时间的理念——形式领域,而尼采所谓"民众的柏拉图主义",则构造了一个同样无时间的彼岸-神性的世界。尼采说,"完全的虚无主义"要彻底否定柏拉图主义,在哲学和神学两个方向上重估一切价值。诚然,也有"半拉子"的虚无主义,比如理查德·瓦格纳的虚无主义,虽然也有解构性和革命性,但总是急吼吼地想用一种新的价值形态取代旧价值,所以终归是不彻底的。

尼采的虚无主义观念还具有实存论——生命哲学的维度,从而赋予虚无主义积极的和肯定的意义。以生命权力的提高

---

[1] 尼采在《查拉图斯特拉如是说》中使用了"彼世论者"(Hinterwelter)一词,参看弗里德里希·尼采.查拉图斯特拉如是说[M].孙周兴,译.北京:商务印书馆,2020:37.

或衰退为唯一标准，尼采进一步区分了"积极的虚无主义"与"消极的虚无主义"。"A. 虚无主义作为提高了的精神权力的标志：积极的虚无主义。B. 虚无主义作为精神权力的衰退和下降：消极的虚无主义。"[1] 简而言之，凡导致生命权力衰退的，就是"消极的虚无主义"，而倡扬生命权力提高的就是"积极的虚无主义"。在这里，"积极的虚无主义"是一个奇怪的表述，因为我们已经习惯于把虚无主义理解为消极的了，虚无主义怎么可能是积极的呢？

虚无主义意味着什么？按我的理解，虚无主义或"上帝死了"＝自然人类精神表达体系的衰落和崩溃。虚无主义的起源与技术工业有关，它是技术工业的后果和产物，正是18世纪下半叶开始的技术工业导致了自然人类文明的败落。自然人类精神表达体系的核心要素是宗教、哲学与艺术，制度性的哲学与心性指向的宗教都是以传统线性时间观为基础而形成的精神表达方式。虚无主义首先意味着：由哲学和宗教构造起来的"超感性领域"的崩溃，一个由哲学和宗教为核

---

[1] 参看弗里德里希·尼采.尼采著作全集：第12卷[M].孙周兴，译.北京：商务印书馆，2020：401.

第一章 | 何为未来哲学？未来哲学何为？

心和基础组建起来的传统社会的瓦解。[1]

但在上述尼采的意义上[2]，虚无主义未必是一个消极概念。对于自然人类文明来说，虚无主义可能是一个消极现象，而对于技术新文明来说，它未必是消极的。对于我们个体来说，它更不是消极的；相反，"积极的虚无主义"可能是今天我们最值得采取的实存姿态。

---

[1] 值得注意的是艺术的历史地位和作用，与主流文化样式哲学和宗教相比较，艺术一直处于边缘状态或者说受贬黜的状态，至少在欧洲是这样。今天我们看到，幸亏有艺术在压抑中顽强生长，文明和生活才保持了一种异质的生机和力量。

[2] Friedrich Nietzsche, *Sämtliche Werke,* Hsg. von Giorgio Colli u. Mazzino Montinari: kritische Studienausgabe in 15 Einzelbänden, Band 12, Dt. Taschenbuch Verlag / de Gruyter, 1988.

积极生活的理由

实存与实存哲学

实存（Existenz）问题虽然是一个历史悠久的问题，在欧洲哲学史上可以上溯至古希腊的亚里士多德，但实存哲学/存在主义的兴起却是19世纪中叶以后的事。实存问题根本上就是一个个体性/殊异性的问题，它与"本质"（essence）即"共相"（idea）的问题相对立。

欧洲传统哲学主流是本质主义或普遍主义，它自尼采以来被冠以"柏拉图主义"之名。在传统哲学中，观念＝共相＝本质＝普遍性，是通过理论和方法的中介而达到的抽象物。欧洲哲学和科学区分了两种普遍化方式（观念构成方式），一是总体化，二是形式化，二者分别形成了经验科学和形式科学。

实际上也有非科学的观念构成方式（宗教、文艺甚至日常经验），其他非欧民族也有自己的观念构成方式，这两者多半限于"总体化"。实存哲学当属于"总体化"的观念构成方式，比如前期海德格尔意在揭示此在的实存论结构（形式结构）。

个体/实存言说之困境在于：实存是个体性的，实存言说却是普遍的（虽然达不到形式科学的普遍性），不然我们不需要实存哲学。实存言说之难在亚里士多德那里就已经有了苗头，他把"实体"（ousia）分为两类，所谓的"第一实体"只能通过"第二实体"（种、属）来加以表述。反之则不然，中古哲学有云："个体是无法言说的"，这种说法既指向传统本质主义哲学之批判，也道出了实存哲学的方法困境。

20世纪的现象学提出了一个根本性的问题：无中介（理论和方法）的观念构成方式是如何成为可能的？这种20世纪初出现的新哲学意在唤起观念的无中介化－直接化把握，此即所谓"本质直观"（Wesensschau）。与个别感知一样，本质（观念、普遍性）也是可直观的，即可直接把握的。这种去中介化的努力含有强烈的反理论（反传统哲学和科学方法）的动机，而且显然它是更合乎事实本身的。它在很大程度上也消解了感性－超感性的传统区分。阐释学（特别是海德格尔和伽达默尔的哲学阐释学）具有更强烈的方法自觉。它试图成为人文科学的方法论，尝试关于个体实存的非哲学－非科学的普遍言说的可能性。以此为目标，它发展了在字面上十分怪异的"真理美学"（Wahrheitsästhetik）。

值得我们注意的是实存哲学与当代艺术/未来艺术的关系。实存哲学试图不依傍于理论/科学来展开个体实存之思，因此本身就含有哲学艺术化的动机和意图。它因此为战后兴起的当代艺术准备了观念前提。于是我们不难理解，鲁道夫·施泰纳的人智学是博伊斯当代艺术观念的直接来源，而施泰纳的人智学根本上具有实存哲学指向。为什么当代艺术是实存哲学的呢？关键在于对"观念"的重新理解，观念的物质性（身体性）和行动意义得到了揭示，观念的可感可观表明它并非感性生活世界之外的东西，传统的心－物（心－身）二元论已被解构。另外，当代艺术/观念艺术的预设是"观念"即行动，"观念"与行动是一体的。哪怕最简单的感知行为也包含观念构成和意义生成，也是艺术行动。显然，这是主要由20世纪现象学和实存哲学完成的一次对传统哲学的"解构"行动。

第一章 | 何为未来哲学？未来哲学何为？

解构与哲思风格

何谓"解构"？"解构"（Destruktion）是一种思想策略，自尼采以来成为一种必然的思想步骤，并在德里达那里成为一种"主义"。"解构"在总体上指向自然人类文明体系的拆解，意味着尼采所谓的"重估一切价值"，因此具有"消极性"和"反动性"。但"解构"也意味着解蔽和归本，即对原始经验的重新居有，就此而言它是一种积极的思想策略。

作为一种哲学方法，"解构"与"批判"一体，可以说是后者的强化版。起自康德的德国古典哲学喜欢用"批判"（Kritik）一词，虽然它更多地含有"分析、考察"之义；马克思的技术-资本-社会"批判"具有"解构性";尼采的道德谱系学是一种"解构"方法,它反形而上学的本原论和目的论,颠覆形而上学的真假、善恶二元对立,开启价值关系的发生史探讨;在现象学和哲学阐释学路线上,"解构"策略更具历史性,比如海德格尔把现象学方法落实为"还原-解构-建构"三要素,体现了思想的公正性,并且发展了阐释学的词源分析;德里达把海德格尔意义上的"解构"（Destruktion）激进化为一种"解构主义"（deconstruction）;福柯的权力谱系学旨在打破关于纯粹、本源、本质、同一的幻想,为考察对象的"发生"留下空间,"能让我们看到分歧之处和处于边缘的东西"[1]。

我想进一步指出的是,"解构"也是一种实存/生命策略。"实存"（existentia）由 ek- 与 sistentere 组成,其字面意义是"站出去"或"出去-持立",故海德格尔经常把它书作 Ek-sistenz,我们译之为"绽出之实存"。当我们用"实存"来描写生活时,我们想强调的不光是"出去、出离"即"生活在别处",而且还有它的词根义"持立、坚守"。不过,无论是"出去"还是"持立",其实都有一种"抵抗"（Widerstand）

---

[1] 福柯.尼采、谱系学、历史学[M]//汪民安,陈永国.尼采的幽灵——西方后现代语境中的尼采.北京:社会科学文献出版社,2001:127.

的意义，是"御风而立"。生活的本相是"抵抗"。"抵抗"是无时无处不在的，时时处处都需要"抵抗"。"抵抗"的普遍性表明了"实存"的解构性本质。

作为哲学方法和实存姿态的"解构"要求相应的哲思风格，或者更应该说，它表现为某种哲思风格。传统主流哲学以逻辑－推理－论证的形式严格性为基本的哲学风格。与之相对，19世纪中期以来渐成气候的实存哲学，以个体的实际性存在为出发点和着眼点，区别于作为主流传统的本质主义－普遍主义哲学，其解构性日益增强，不断探索非本质主义的思想姿态和表达风格。

就"解构"策略而言，我特别愿意关注的是尼采的"戏谑"（Scherz）。"戏谑"当然不是随意搞笑，更不是一味恶意调侃，而是一种自由而健康的生活姿态和哲思行动。它集游戏、调侃、诙谐、玩笑、幽默、讽刺、嘲笑、反讽等于一体，可谓五味杂陈，狂放而又不失严峻，率性而不至于放荡，尖锐而又机敏。我认为，尼采哲学充分践行了这种"戏谑"风格，形成了特立独行的"尼采性格"。区别于音乐性的抒情之歌，尼采曾经把自己的格言/箴言写作命名为"无歌的思索"，而且用"嘲笑""狂想""跳跃"三个词语来描述之，此即"戏谑"，即"解构"意义上的"戏谑"。[1]

或问："戏谑"是未来哲学的"风格"吗？我们已经习惯于一本正经、逻辑连贯、审慎严格的静观哲学风格，那是和谐理性时代的同一性哲学，而面对今天多元碎裂的世界现实和日益增强的人际可交往性（个体自由），就需要有不同的思想方式和哲思风格了。

---

[1] 参看孙周兴.抒情的与戏谑的哲理——一次关于尼采诗歌的探讨[J].同济大学学报（社会科学版），2021，32（1）：1—9.（收入本书时改名为《既抒情又戏谑的哲思是如何成为可能的？》）。

二重性与非同一性思维

与"解构""戏谑"的哲思风格相关联的是思想/思维方式。首先我们必须承认,二元性思维是自然人类的基本思想模式,古今中外皆然。天－地、明－暗、阴－阳、上－下、前－后、左－右等,这是自然人类基于朴素的日常感知经验养成的思维习惯,类似于胡塞尔所说的"自然的思想态度"。以"模仿"为基础的欧洲古典哲学多半还停留在这种朴素经验之中。然而,通过近代哲学,这种二元性思维越来越被纯化,形成了主体－客体二元对立的先验哲学模式——人们也称之为"表象性思维"或者"对象性思维"。我们熟悉的被简化为"二元对立统一"的辩证法,依然未能摆脱对象性思维及其同一性逻辑。

转折点来自尼采。尼采在《悲剧的诞生》开篇就论述了日神阿波罗与酒神狄奥尼索斯之间的"二元性"（Duplicität），并且认为古希腊悲剧是由这两个元素"交合"（Paarung）而成的，他显然有意识地强调了二元之间的紧张和冲突，而不是二元的统一和谐。在《查拉图斯特拉如是说》中，尼采有个关键诗句："我是光明：啊，但愿我是黑夜！"[1]这是尼采晚期哲思的思眼。海德格尔选择了"差异"（Differenz）、"区分"（Unterschied）、"分解"（Austrag）等多个非同一性词语，但最终却更偏向于"二重性"（Zwiefalt）一词，用意十分深远。

什么是"二重性"？澄清这一点对理解当代哲学和当代艺术至为重要。如前所述，"二重性"是主要由海德格尔阐发的思想方式和思想策略，但显然不光是海德格尔，现代哲学中诸多哲学家都有这种突破主体性形而上学、开拓新思想方式的意图。这里的关键有二：其一，"二重性"思想首先区别于传统哲学特别是主体性哲学的"二元对立"/对象性思想方式，突破了传统哲学非此即彼的两极思维模式；其

---

[1] 参看弗里德里希·尼采.尼采著作全集：第4卷[M].孙周兴，译.北京：商务印书馆，2020：163.

二,"二重性"思想反对传统形而上学的同一性思维,进入非同一性的差异化思想方式之中,维护和主张"非同一性思维"。海德格尔意义上的"二重性"思想其实就是阿多诺所讲的"非同一性思维",而传统哲学的"二元对立"则属于形而上学的同一性思维。

  区别于二元对立统一的辩证思维,"二重性"思想旨在揭示和强调事物和思想元素的差异性运动,或者说事物和思想元素的二元交织/交合和紧张/张力。海德格尔通过重解古希腊的真理概念"Aletheia"而形成的真理观最具典型性:"真理"不是近代哲学所设想的"符合",而是澄明与遮蔽的"二重性",是一种二重化的揭示活动。

圆性时间或非线性时间[1]

时间是什么？这个问题高度繁难。与之相随的问题是：空间是什么？但我们在此主要关注时间问题。以我的直观，至少对于西方－欧洲传统来说，时间是比空间更重要的一维。我们看到，19世纪中期以来的现代性批判首先也是从时间问题入手的。

我斗胆提出了"圆性时间"概念，以区别于传统线性时间观。"圆性时间"观念源于尼采。尼采在《查拉图斯特拉如是说》中写下一句意义重大的话："一切笔直者都是骗人，

---

[1] 有关此题的详细讨论，可参看孙周兴《圆性时间与实性空间》，载拙著《人类世的哲学》，商务印书馆，2020年，第189页以下。

第一章 | 何为未来哲学？未来哲学何为？

所有真理都是弯曲的，时间本身就是一个圆圈。"[1] "圆性时间"与尼采的"相同者的永恒轮回"相关，在海德格尔那儿发展为一种以未来/将来为定向的三维循环时间，虽然后者没有专门使用"圆性时间"概念或与此相类似的表述。

尼采所谓的"时间－圆圈"针对的是传统的"线性时间"。什么叫线性时间？自从亚里士多德开始，时间被理解为一条直线。亚里士多德说，时间是运动的计量和测度，到奥古斯丁还是从这一计量角度规定时间。然后到近代物理学，经典物理学对时间给出了两个假定：其一，时间是一条不可逆转且永远消逝的直线；其二，时间直线上的每个点都是同一的／均质的。显然，这两个预设都是形式科学的规定，而与实际生命经验无关。如果时间是直线，而且时间这条直线上的每个点都是同一的，那么，我们就面临一个"恶的无限"式的窘境，我们每个人就都成了在"时间长河"中无奈等死的人。超越性的"形而上学"由此而起，哲学和宗教都是为了阻断线性时间的无限流失而创设的，哲学创造了一个无时间的先验形式领域，而宗教构造了一个无时间的超验神性世界。

---

[1] 参看弗里德里希·尼采. 尼采著作全集：第4卷 [M]. 孙周兴, 译. 北京：商务印书馆, 2020：248.

积极生活的理由

如果说"线性时间"是以哲学和宗教为核心的自然人类文明表达体系的基础，那么"圆性时间"呢？为什么19世纪中期以来的现代哲学会形成重新思考时间问题的需要？根本上，我们还得在自然人类文明向技术人类文明转变的大变局中思考这一问题。传统的线性时间观在近代获得了近代物理学的加持，被固化为全人类的时间感知、计算模式，但这决不意味着只有科学－技术的线性时间经验。即便在自然人类文明的古典时期，比如在古希腊，也有多样的时间经验和时间规定。古希腊人用两个词语来表示时间，一是"Chronos"，指计量的、线性的"现在时间"，即物的时间，在亚里士多德那里被称为"运动的计量"；二是"Kairos"，指"时机－瞬间"，它不是物的时间，而是事的时间，是人类行动和创造的时间。这样的区分是十分自然的，只不过，前一种时间概念（Chronos）即"物的时间"，后来成了基本的，甚至唯一的时间经验模式。

"圆性时间"是新文明的新时间经验，它是在科技时间观（技术－物理时间观）之外开出的新时间经验。与"圆性时间"相应的是"实性空间"。空间是绝对虚空，这同样是近代物理学的形式设定。但为什么只有三维的、虚性的和绝对的空间呢？

线与圆，虚与实——或者说线性与圆性，虚性与实性——构成未来哲学时空之思的基本点位。此事幽深费解，我们只能有所猜度。回到尼采来说，如果"线性时间"对应于"末人"状态，那么，"圆性时间"是"超人"时间观吗？

积极生活的理由

超人与未来人问题[1]

关于人类本身的未来,甚至人类还有没有未来,已经成了我们时代最热闹的一个论题。这是前所未有的事情,原因在于,人类通过技术工业的新进展,正在加速改造甚至消灭自然人类。主流科学和技术已经成为"关于人的科学"。

这时候,我们不得不承认尼采是天才,他在一个多世纪前就提出了"末人"和"超人"学说。

"超人"(Übermensch)是尼采的概念,它备受误解,特

---

[1] 有关此题的详细讨论,可参看孙周兴《末人、超人与未来人》,载《哲学研究》2019年第2期;收入拙著《人类世的哲学》,商务印书馆,2020年,第291页以下。

别是受到法西斯主义的利用而被视为提供"强权/暴力"的概念。尼采提出"超人"概念的语境也耐人寻味:查拉图斯特拉上山修炼,10年后"下山",遇到教士问他是否知道"上帝死了"这件大事;再下到人间(彩牛镇),告诉民众:"上帝死了,我来教你们成为超人。"这是一个充满隐喻的故事:上山和下山,教士与民众,上帝之死与超人的诞生。

关于尼采对"超人"的规定,我们大致可以指出几点。

其一,尼采在"猿猴-人类-超人"之间构造了一个序列,"超人"之于人类,就如同人类之于猿猴。人类是被夹在中间的,夹在动物与超人之间。尼采说:"人是一根系在动物与超人之间的绳索。"[1] 夹在中间的人类不光是"过渡者",同时也是"没落者",是"最后的人"即"末人"。所以尼采的序列其实就是猿猴-末人-超人。

其二,尼采赋予"超人"两重意义:一方面是超越柏拉图主义以及传统人的规定或概念;另一方面是自然性之拯救,生命力之重振。

其三,尼采的"超人"(Übermensch)虽然在字面上有"超越"(介词 über)之义,但实际上却指向一个否弃超越性

---

[1] 弗里德里希·尼采.尼采著作全集:第4卷[M].孙周兴,译.北京:商务印书馆,2020:13.

理想、直面当下感性世界、通过创造性的瞬间来追求和完成生命力量之增长的个体此在，因而是一个实存哲学意义上的人之规定。

尼采为何要提出"超人"概念呢？"超人"指向"未来人"，它是尼采对未来人类的一个设计吗？海德格尔首先为我们提示了尼采"超人"概念的技术哲学含义，认为从形而上学的角度来理解，"末人归属于超人"，但这只不过是因为"恰恰任何形式的动物性都完全被计算和规划战胜了"。[1] 在尼采看来，"末人/最后的人"将通过计算和规划而被克服掉，而"超人"将通过"忠实于大地"而成就自己。如此看来，作为最后的自然人类的"末人"代表着人类的技术化方向，而作为权力意志之载体的"超人"必须"忠实于大地"，重获和重振生命力，成为生命权力的强者。就此而言，尼采的"末人"与"超人"恰恰体现了自然性与技术性的"二重性"。

1　海德格尔. 演讲与论文集[M]. 孙周兴, 译. 北京：商务印书馆，2018：101.

结语：未来哲学何为？

上面的讨论主要围绕"人类世""虚无""实存""解构""二重性""圆性时间""超人"等基本概念展开。我们的目标是探讨未来哲学的基本问题，厘清未来哲学的若干预设。但这种努力显然是有困难的和有限的，因为未来哲学的发生性和未来性，以及技术生活世界的碎片化，使得我们不可能以传统同一性思维及其概念化方式来准确而明晰地界定哲学的未来形态和可能向度。

简言之，与传统哲学相比较，未来哲学偏于异质、差异和生成，因而是更难言说的。不过，这并不是我们偷懒无为的理由。最后，我们仍要追问：未来哲学的意义何在？或者说，哲学的未来性意味着什么？

未来哲学何为？在此我首先想做三点预备性的提示。首先，启动未来哲学的重新定向（未来定向）。在自然人类文明向技术人类文明转变的根本变局中，哲学（连同艺术人文学）需要基于新时空尺度和新世界境域的重新定位和定向。其次，确认未来哲学的实存论前提。现代实存哲学/实存主义的个体之思本身就是要反抗普遍化知识和同一性制度，这就是对哲学主流传统的批判性解构。现代实存哲学在这方面的努力是相当成功的，理当成为未来哲学的一个前提。最后，理解未来哲学与艺术的联姻。尼采有言："哲学家应该认识我们需要的是什么，而艺术家则应该把它创造出来。"[1] 尼采赋予哲学的规定是认识 - 批判 - 筛选。尼采也说，哲学家的工作是否定性的，但我们不能由此推出"哲学不创造"。如若没有创造性，哲学是不可能完成其使命的。因此，在文明巨变中，未来哲学需要与艺术合作，抵抗技术逻辑，重塑人文之道。

未来哲学何为？我愿意进一步指出，技术 - 生命 - 自由将是未来哲学的三大主题。具体说来，技术与人类未来、新

---

[1] 弗里德里希·尼采. 哲学与真理 [M]. 田立年, 译. 上海：上海社会科学院出版社, 1993: 13.

生命经验重建和保卫个体自由,将是未来哲学的三个基本关切。与此相应的是未来哲学的三个重心领域,即技术哲学、生命哲学和艺术哲学。通过技术哲学,未来哲学要追问:技术工业正在把人类带向何方?哪些技术要素决定了人类的未来?如今方兴未艾的"关于人的科学"——我所谓的"人类技术工程"——的后果或效应是什么?自然人类被技术化的限度何在?等等。通过生命哲学,未来哲学要关切未来生命,探讨自然人类向技术人类的生命嬗变及其种种后果。而通过艺术哲学,未来哲学要关注个体实存,寻求抵抗普遍技术化(同一化)进程、保卫个体自由的可能性。

说"未来已来",这话传达了一种急迫和忧虑;说"未来未来",这是要保持一种开放的期待和预感。未来哲学已经上路,带着这般莫名的双重情绪。

在变动的时代中,我们需要全新的哲思风格来重新观照生活。

第二章

既抒情又戏谑的哲思是如何成为可能的？

——一次关于尼采诗歌的探讨[1]

---

[1] 本文根据由作者编译的《尼采诗歌新编》的"编译后记"改写、扩充而成，该书由上海人民出版社于2020年出版。作者根据修改稿以"抒情与戏谑——关于尼采诗歌"为题，于2020年11月9日下午在同济大学人文学院哲学系主办的"尼采论坛"上做了报告。该文后以《抒情的与戏谑的哲理》为题发表，载《同济大学学报》2021年第1期，收入本书时做了补充和修订。

德国哲学家尼采一生创作了许多诗歌，从中学时代的抒情诗，到 1888 年的《狄奥尼索斯颂歌》，尼采的诗歌创作历经 30 年。尼采诗歌可分为抒情诗（歌曲）与格言诗两类，其抒情诗的顶峰是酒神颂歌，而格言诗则是更多地传达尼采的哲思。区别于音乐性的抒情之歌，尼采把自己的格言写作命名为"无歌的思索"，而且用"嘲笑""狂想""跳跃"三个词语来描述之，我更愿意称之为"戏谑"。在尼采那里，激情的抒情诗与戏谑的格言诗并不构成一种对立；同样地，在尼采的"艺术家-哲学家"理想里，抒情与戏谑的二重化是他所尝试的后形而上学思想的风格。尼采及其思想行动为我们提出了一个问题：既抒情又戏谑的哲思是如何成为可能的？

第二章 | 既抒情又戏谑的哲思是如何成为可能的？

众所周知，德国哲学家弗里德里希·尼采（Friedrich Nietzsche，1844—1900）写了不少诗，但一般认为他的诗不好读，甚至不太像诗歌。我本来也有此感受。哲学家写诗，终归不太靠谱，向来是不被看好的。欧洲最早的哲学家之一柏拉图本身也是一位诗人，而且确实也有诗作传世，不过好像至今还没有人敢说柏拉图是一位多么伟大和天才的诗人。相反，他倒是因为公然攻击文艺（诗歌），在历史上一直顶着"驱逐诗人"的罪名，甚至于恶名。大家知道，在《理想国》第十卷中，柏拉图要把诗人（艺术家）驱逐出城邦，说万一有诗人来到城邦，怎么办？只好给他喷上香水，戴上花冠，送出城邦，告诉他：我们城邦不需要你。这是哲学开始主导文明的故事，因为哲学是一门具有制度设计功能的学问，而城邦/国家需要的是哲学的制度安排。到了近代，欧洲的艺术与哲学、诗人和哲人就越发显得势不两立了，比如意大利的哲人维柯（Giovanni Battista Vico，1668—1744）就

积极生活的理由

干脆把两者对立起来，认为诗性强则知性弱，而知性强则诗性弱，也就是说理智方面强，感觉能力就差了，反之亦然，这两者是不可兼得的。听起来不无道理。维柯接着想说的是：在这个知性科学的时代里，人类感官趋弱，诗性全无，恐怕是死路一条了。维柯当年的一个理想是"寻找荷马"。但按照他的逻辑来看，现代人在一个知性科学的时代里又如何可能找到新的"荷马"？哪里还有"荷马"呢？

当然，今天我们这些知书达理的现代人可以反驳：为什么一定要有诗歌或文艺呀？有什么用呀？今天全球人类都是哲学－理论－科学－技术的人了。[1]尼采当年命之为"理论人"，更准确的说法应该是"技术－实用人"。这是世界现代文明的现实，是无可否认的。大多数现代人在大多数时候为现实所压服，不再有反抗的愿望和心思。但是，总还有少数人，或者更应该说，是多数人在少数情形下，不屈服于庸常现实和同一制度，明知势弱力薄，终归无力回天，也还想着"出位"或"出格"，想着"生活在别处"（这就是后来的存在主义哲学，即所谓的"实存哲学"），企图抵抗普遍的、万

---

[1] 这里把这四个东西——哲学、理论、科学、技术并置在一起了，其实我们还可以再加上工业和商业。这是一个链条，是希腊哲学－科学传统经过现代科学和实验技术的转换而形成的现代文明体系。

第二章 | 既抒情又戏谑的哲思是如何成为可能的?

能的理论化、计算化和技术化。总而言之,抵抗技术文明的同一化体制和进程,正是今天艺术和哲学或者一般而言的人文科学/人文学的使命所在。[1] 尼采即属此列,而且是先行者,是其中萃萃大者。

---

1 我最近有个说法:艺术与哲学的区别在于,艺术是使事物或个体变得不一样,而哲学(特别是传统哲学)则旨在使事物和个体成为一样的。尼采哲学(以及尼采之后的哲学)之所以变得更有趣了,主要是因为他试图重构两者的关系,使哲学艺术化和艺术哲学化。

从抒情诗到《酒神颂歌》

或问:尼采是一位诗人吗?这个问题固然不好轻松回答,我却更愿意说:尼采可能比一般所谓的诗人"更诗人"。为何这么说?因为尼采不光写诗,写了大量的不同类型的诗,更对诗和诗人做了规定。

尼采早慧,中学时代就开始写诗,大学毕业就当上了大学教授;尼采早逝,但1889年年初发疯前还在写诗。从1858年的抒情诗,到1888年的《狄奥尼索斯颂歌》(或译作《酒神颂歌》),尼采的诗歌创作历经30年。少年尼采在1858年就写下这样一首哲理诗:

第二章 | 既抒情又戏谑的哲思是如何成为可能的?

> 生活是一面镜子。
> 在镜子中认识自己,
> 我称之为头等大事,哪怕
> 这只是我们的追求！！[1]

尼采写这首《人生是一面镜子》时才 14 岁,还是一个少年而已,但这首短诗却已经给人一种老气横秋的感觉了。不过,尼采早期诗歌的主体仍然是抒情诗。尼采的抒情诗还是相当抒情的,是比较有青春情怀的,比如下面这两首"歌曲":

> 这是午夜时分的风儿,
> 轻柔地敲打着我的窗户。
> 这是轻声细语的阵雨,
> 舒缓地降落到我的屋顶。

---

[1] 很遗憾,钱春绮先生的《尼采诗选》(漓江出版社,1986)把这首短诗的后两句译为:"我要称之为头等大事,哪怕我们最后就离开人世！！"这委实是有些荒唐了,想来是这位知名译者把其中的"追求"(streben)一词看成"死亡"(sterben)了。在翻译中,这样的情况当然是难免的,就是眼一花未看清,或者不留神看走了眼;但这首被叫作《人生》的诗是这个广为流传的尼采诗歌中译本的第一首诗,而且出版者把这首诗印成封面题诗了,所以我觉得有必要指出来。

积极生活的理由

> 这是我的幸福之梦，
>
> 就像风儿掠过我的心。
>
> 这是你的目光的气息，
>
> 就像柔雨穿过我的心。
>
> （《歌曲四首》之二，1862年）

> 在寂静的时刻我经常思忖，
>
> 什么让我如此热切地担忧和害怕，
>
> 如果一个甜蜜的梦不知不觉
>
> 出乎意料地把我完全融化。
>
> 我不知道，我在此梦什么思什么，
>
> 我不知道，我应当如何生活下去，
>
> 但如果我是如此快乐，
>
> 我的心就会无比急切地跳动。——
>
> （《歌曲四首》之四，1862年）

不过话又要说回来，青春抒情诗在尼采那里还不在多数。尼采恐怕属于生下来就老得死去活来的那种人物，哪怕在青少年时期，他的情感和心思总的来说也偏负面，对生命本体的忧思占据了他早期诗歌的主体（比如上面引的《歌曲四首》之四）。如果说，上面这两首"歌曲"还算是轻松的人生感怀，那么，下面这首诗中传达出来的死去活来的哀伤，则与尼采的年龄完全不相称了：

> 我从未感受到
> 生命的快乐和幸福
> 悲哀地，我回头看
> 那久已消逝的时光。
>
> 我不知道我爱什么，
> 我没有和平和安宁
> 我不知道我相信什么，
> 我何以还活着，为何？
>
> 我想死去，死掉拉倒
> 长眠于绿色草地上
> 头上白云飘飘，
> 周遭是森林的寂寞。
>
> （《逃逸了，明媚的梦》节选，1862 年 7 月）

积极生活的理由

　　这是 18 岁的尼采写的诗。以通常之见，抒情诗是青春少年的事，而不是成年人的特长，这似乎也在尼采身上表现出来了。19 世纪 70 年代以后，尼采就很少写上面这个类型的抒情诗了。这当然跟尼采本人的成长有关，尤其是因为尼采此时已经成为巴塞尔大学语文学教授，集中精力研究古希腊悲剧文化，又受当时的艺术大师理查德·瓦格纳（Richard Wagner, 1813—1883）的激励，写成《悲剧的诞生》一书，形成了一种具有现代性意义的美学理想和文化哲学理想。此时的尼采已经从一个"诗歌青年"变成了一位心思稳重的"文化哲人"——虽然从语文学或一般人文科学的所谓"学术规范"来看，《悲剧的诞生》时期的尼采也还是一位不入流的"学者"。

　　尼采此时对诗和诗人的规定服从于他借助对古希腊悲剧艺术的探讨而形成的文化哲学或美学观念，其核心思想如下：人类有两种"自然冲动"，可由"日神精神"（阿波罗）与"酒神精神"（狄奥尼索斯）——其日常表现分别是"梦"与"醉"——代表之，体现在艺术中分别是"日神"的造型艺术与"酒神"的音乐艺术，而古希腊悲剧之所以成为无与伦比的最佳艺术（文化样式），是因为这种艺术完成了——实现了——这两种"自然冲动"（日神与酒神）的"交

第二章 | 既抒情又戏谑的哲思是如何成为可能的？

合"——请注意，这里的"交合"（Paarung）原意为"交配、结对"，是紧张冲突而不是和谐统一。[1] 之后悲剧艺术"猝死"，美好文化破裂，古典文化进入哲学和科学时代。这部分是因为最后一位悲剧大师欧里庇得斯，他对悲剧做了一些不良的改造，使得悲剧变得越来越世俗化了；当然主要的原因是苏格拉底来了，开启了科学乐观主义传统（后世所谓的"柏拉图主义"或"本质主义"传统），"理论文化"或者科学文化/哲学文化取代了悲剧的地位，古典希腊从文艺时代进入了哲学-科学时代——这就是海德格尔所说的"第一个转向"。及至近世进入技术工业文明状态，复兴悲剧文化

---

1 我以为，若要理解现代艺术和现代美学，不读尼采《悲剧的诞生》一书不行，因为尼采对美学的最显著的重塑或重新规定，就是宣告了传统和谐美学观的终结。现代美学的本质内核是紧张、冲突，因为我们现代人的美感已彻底变了，我们的心理结构发生了变化，不再能靠那种和谐的、规则的、单一的美学尺度去理解艺术和艺术作品，这时就出现了一种新的审美规定性。瓦格纳和尼采是最早意识到这一点的，这也是《悲剧的诞生》的意义所在，它给出了一种新的艺术理想和文化理想。相关讨论可参看孙周兴. 尼采与现代性美学精神 [J]. 学术界，2018（06）：5—16.

积极生活的理由

(悲剧艺术与悲剧哲学)更待何时?[1]

这是尼采的文化哲学观,其胸怀已经无比阔大,可以说已经有了全人类的革命理想。此时尼采对诗(艺术)的要求建立在他文化哲学观的基础上,认为复兴悲剧文化需要的是艺术(诗)与哲学(特别是德国艺术和德国哲学,比如瓦格纳的艺术和康德、叔本华的哲学)同时发力,形成对抗性的相互支持、相互侵占和相互吞并,从而也可期待一种"新人"类型,即他所谓的"艺术家-哲学家"类型——这种"新人"是艺术世界中的哲学家,也是哲学世界中的艺术家。[2]这时候,抒情诗必须获得"狄奥尼索斯"(Dionysos)

---

[1] 尼采写作《悲剧的诞生》的那个年代甚至还没有电灯(第一盏电灯诞生于1879年),技术工业还只是在初级的大机器生产阶段。最近我思考的一个问题是,电灯和电光到底意味着什么?以前人类用的是火光,火光是自然之火,电光则是技术人造之光。这就是说,电光意味着人类从自然文明向技术文明的转换和推进,电光的普及标志着启蒙的完成,是技术文明的真正开启,它造成自然人类生活世界的彻底改变,诸如使昼夜缩短,睡眠减少,人类对于黑暗和幽暗事物的感受能力大幅下降,后面这一点是尤其严重的。马克思、瓦格纳和尼采是最早一批先知,他们早就预感到技术工业将彻底改变自然人类的生活和自然文明世界。瓦格纳认为应当通过艺术来复兴神话,没有神话的世界是无趣的,是不值得我们生活的。尼采接受了这个想法,他认为艺术——如果它还有什么用的话——至少要在技术工业文明之外开拓出另一种文明。尼采因此主张要复兴悲剧文化(悲剧艺术和悲剧哲学),这是《悲剧的诞生》后半部分讨论的课题。

[2] 尼采后来更愿意把这个"新人"类型表达为"超人"(Übermensch),与之相对的是"末人",就是被技术不断地计算和规划的人。尼采明言,"超人"的意义在于忠实于大地,在于探究技术时代中人类自然性或者说"大地性"的保留与恢复。

第二章 | 既抒情又戏谑的哲思是如何成为可能的？

即酒神之态，变成尼采所谓的"酒神颂歌"（Dithyramben）。"酒神颂歌"原为公元前7世纪前后古希腊人祭祀酒神狄奥尼索斯时歌唱的即兴曲，后发展为抒情合唱诗，终于演变为希腊悲剧。现在，尼采则把"酒神颂歌"当作他的诗歌理想了。

或问：尼采写了什么"酒神颂歌"吗？尼采也这样问过自己。在他写的最后一本著作《瞧，这个人》（1888年）中，尼采自称"酒神颂歌的发明者"，而作为酒神颂歌的"标志"之作，尼采说可以举出《查拉图斯特拉如是说》第二部里的《夜歌》。[1] 为节约篇幅，我们在此只能摘录《夜歌》的前半段和后半段：

> 是夜里了：现在所有的喷泉越来越响亮。而我的灵魂也是一个喷泉罢。
>
> 是夜里了：现在爱人们的全部歌声才刚刚唤起。而我的灵魂也是一个爱人的歌罢。——
>
> 在我心里有一个从未平静也不可平静的东西；它想要声张。在我心里有一种对爱的渴望，它本身

---

[1] 尼采. 瞧，这个人[M]. 孙周兴, 译. 北京：商务印书馆, 2016：124—125.

积极生活的理由

说着爱的语言。

我是光明：啊，但愿我是黑夜！然则我被光明所萦系，此乃我的孤独。

啊，但愿我是昏暗的和黑夜般的！我要怎样吮吸光明之乳！

而且，我依然要祝福你们自己，你们这些闪耀之星以及天上发光的虫啊！——而且因为你们的光之赠礼而欢欣。

但我生活在自己的光明中，我饮回从我身上爆发出来的火焰。

我不知道获取者的幸福；而且我经常梦想，偷窃一定比获取更福乐。

我的贫困在于，我的手从未停止过赠予；我的妒忌在于，我看到期待的眼睛，以及渴望的被照亮的夜。

啊，一切赠予者的不幸！我的太阳的阴暗化啊！对渴望的渴望啊！满足中的馋饿啊！

……

啊，你们这些黑暗者，你们这些漆黑如夜者，唯有你们才能从发光者那里取得自己的热量！啊，唯有你们才从光明之乳房里畅饮乳汁和琼液！

啊，我的四周都是冰，我的手在寒冰上烧焦！啊，我心中的渴望啊，它渴望着你们的渴望！

是夜里了：啊，我是必定成为光明的！还有对黑夜的渴望！还有寂寞！

是夜里了：现在我的渴求就像一道泉水喷涌而出，——我渴求言说。

是夜里了：现在所有的喷泉越来越响亮。而我的灵魂也是一个喷泉罢。

是夜里了：现在爱人们的全部歌声才刚刚唤起。而我的灵魂也是一个爱人的歌罢。——[1]

我们可以猜测，当时（1888年）在意大利的都灵，尼采马上要发疯了，在抄录完他几年前写的这首《酒神颂歌》之后，他脸上一定露出了得意扬扬的神情。不然的话，他不会接着写下这么一句："这等妙诗是从来没有人作过的，是从来没有被感受过的，也是从来没有被遭遇过的。"[2] 我们

---

1 尼采. 查拉图斯特拉如是说[M]. 孙周兴，译. 北京：商务印书馆，2020：137—139.

2 尼采. 瞧，这个人——人如何成其所是[M]. 孙周兴，译. 北京：商务印书馆，2016：127.

积极生活的理由

知道尼采喜欢说大话，但诗作摆在这儿，我们还是不得不承认他所谓的"这等妙诗"（表面上是散文或散文诗）。后期尼采依然抒情，《查拉图斯特拉如是说》中就包含着若干首诗歌（以真正的诗歌形式）[1]，但其他几个以散文形式出现的篇章可能是更具诗性或诗意的，典型者除我们引用的《夜歌》之外，还有《舞曲》《违愿的幸福》《日出之前》《返乡》《重力的精神》《大渴望》《另一支舞曲》《七个印记》《正午》《梦游者之歌》等。

广而言之，我想说，尼采通过自己的后期写作，发展了一种新的"抒情诗"样式，尼采称之为"酒神颂歌"，或也可命之为"酒神抒情诗"。

---

[1] 1888年年底，在精神崩溃之前（尼采于1889年1月3日精神失常），尼采完成了一份诗稿，书名立为《狄奥尼索斯——酒神颂歌》(*Dionysos-Dithyramben*)，拟收9首诗歌，含他创作的6首"查拉图斯特拉之歌"和摘自《查拉图斯特拉如是说》第四部的3首"酒神颂歌"（略有改动），即《只是傻子！只是诗人！》（原题为《忧郁之歌》）；《在荒漠女儿们中间》；《阿里阿德涅的哀怨》（原题为《哀怨》）。可参看尼采. 狄奥尼索斯颂歌[M]. 孙周兴, 译. 北京: 商务印书馆, 2016.

第二章 | 既抒情又戏谑的哲思是如何成为可能的？

格言与哲学的戏谑之风

如此看来，从青少年时期一直到他发疯前，一个作为"抒情诗人"的尼采是连贯的。然而，除了"我是光明：呵，但愿我是黑夜！"这样高调而悲怆的抒情，诗人尼采还有另一个形象，就是"哲理诗人"的形象，这就是通过他的大量的格言/箴言诗建立起来的可能更具鲜明特色的形象。对此，尼采也是有清晰的自我意识的。在1882年春季的一个笔记本中，尼采写下了下面这首题为《歌曲与格言》的诗：

节奏为头，韵律为尾，
音乐始终是灵魂：

积极生活的理由

> 这样一种神性的尖叫声
> 我们称之为歌曲。简言之，
> 歌曲就是："音乐话语。"
>
> 格言有一个新疆域：
> 它能嘲笑、狂想、跳跃，
> 格言从来都不可能歌唱；
> 格言就是："无歌的思索。"——
>
> 我可以把两者带给你们吗？[1]

尼采问："我可以把两者带给你们吗？"——这时的尼采正在写作《快乐的科学》(1882年8月第一版)，尚未开始写《查拉图斯特拉如是说》。正是在1882年上半年，尼采认识了"欧洲名媛"莎乐美，与之开始了一段复杂而艰难的情爱关系；也正在此时，他宣告了《快乐的科学》一书的写作。这本书在尼采的全部著作中颇显奇异，特别之处在于，该书

---

[1] Friedrich Nietzsche, *Sämtliche Werke,* Hsg. von Giorgio Colli u. Mazzino Montinari: kritische Studienausgabe in 15 Einzelbänden, Band 9, Dt. Taschenbuch Verlag / de Gruyter,1988, S.679.

第二章 | 既抒情又戏谑的哲思是如何成为可能的？

正文由383节长长短短的箴言或箴言体散文组成，而开头和结尾（附录）都是诗歌。开头是《"戏谑、狡计与复仇"——德语韵律短诗序曲》，是尼采所谓的"格言诗"；而附录部分则是尼采的一组诗《自由鸟王子之歌》，共14首，是尼采所谓的"抒情诗"——包括"酒神颂歌"。所以《快乐的科学》实际上把尼采诗歌的两个类型——抒情诗和格言诗——都表现出来了。

在上面这首《歌曲与格言》中，尼采对这两个诗歌类型做了有趣的区分性规定，他诗中所谓"歌曲"（Lieder）其实就是我们这里讲的"抒情诗"，尼采把它规定为"音乐话语"（Worte als Musik），或可直译为"作为音乐的话语"；而对于所谓"格言"（Sinnsprüche），尼采的规定则是"无歌的思索"（Sinn ohne Lied）。具体而言，两者的区别主要有两项：其一，抒情诗必须是可唱的，其灵魂是音乐，所以才叫"歌曲"，而格言诗则不可能歌唱；其二，抒情诗终究具有神性关联，原本是歌颂神祇的，故可谓"一种神性的尖叫声"（尼采此时应该想到了自己的"酒神颂歌"），而格言诗则是通过"嘲笑、狂想、跳跃"来完成的"思索"。

这就涉及尼采哲学的风格问题了。有关这个问题，后世众人意见纷纭。德国思想家马丁·海德格尔曾认为，尼采的

积极生活的理由

思想方式（方法）是"不断地颠倒"，比如叔本华说艺术是"生命的寂静"，尼采就颠倒之，说艺术是"生命的兴奋剂"；传统哲学扬精神（灵魂）而贬肉体（身体），尼采反之，扬肉体而贬精神；又比如说，什么是真理？通常会说真理与谬误相对立，尼采干脆颠而倒之，说"真理就是一种谬误"。海德格尔甚至认为，尼采颠倒多了，成了习惯，几成癖好，比如谚语"最后笑的人笑得最好"，尼采也来个颠倒，成了"现在笑得最好的人笑到最后"[1]。在我看来，尼采这种做法当然不能理解为单纯的恶作剧，而是在一定意义上迎合了思想的内在要求，尤其是在传统哲学批判和解构工作的初期，需要有一种初看起来过于激烈的反叛姿态和言论。

后来的法国解构主义哲学家雅各·德里达另有主张，他在《马刺：尼采的风格》中强调了尼采文本的"断片"性质。在他看来，尼采是多风格的，或者完全可以说是没风格的，因此切不可把尼采理解为一个"形而上学家"——哪怕是"最后一个形而上学家"。确实，尼采自己也说过："鉴于我的内在状态的异乎寻常的多样性，在我这里也就有了多种风格可能性——那竟是一个人向来拥有过的最多样的风格技巧。"[2]

---

1 海德格尔.尼采：上卷[M].孙周兴，译.北京：商务印书馆，2015：32.
2 尼采.瞧，这个人[M].孙周兴，译.北京：商务印书馆，2016：68.

又有论者亚历山大·内哈马斯（Alexander Nehamas）重点强调了尼采文本中始终不变的文体特征，谓之"夸大或夸张的修辞手段"[1]。这当然是众所周知的，也是尼采文字既让人讨厌、又令人着迷的地方。

这是三种典型的关于尼采哲思风格的看法，都不错，各有各的道理。无论是"颠倒""断片"还是"夸张"，或者还有更多，这些关于尼采风格的标志其实都与他的格言体写作有关。所以，我们完全可以回到尼采自己的规定上来：格言即一种"嘲笑、狂想、跳跃"。我们知道嘲笑和讽刺是尼采的拿手好戏，其哲学批判的核心形象是苏格拉底和耶稣，但其他历史人物（包括一些当代人物），无论是歌德、康德还是叔本华、瓦格纳，都是他的嘲讽对象。如下面这首《献给所有创造者》：

不可分割的世界

让我们存在！

永恒男性

把我们卷入。[2]

1　内哈马斯. 尼采：生命之为文学 [M]. 郝苑，译. 杭州：浙江大学出版社，2016：24.

2　Friedrich Nietzsche, *Sämtliche Werke*, Hsg. von Giorgio Colli u. Mazzino Montinari: kritische Studienausgabe in 15 Einzelbänden, Band 11, Dt. Taschenbuch Verlag / De Gruyter,1988, S.297.

积极生活的理由

尼采这里所谓"永恒男性",明显是在讽刺歌德《浮士德》里的名句:"永恒女性,引我们向上。"歌德是德语文学大师,是不好随便戏弄和嘲笑的,尼采偏不。

叔本华曾是尼采的思想引路人,虽然尼采后来屡屡批评叔本华的"悲观主义"哲学。在尼采看来,叔本华从生命本身的虚无性得出"悲观主义"的结论,是完全搞错了方向,走向了"消极的虚无主义";尼采认为,如果我们不愿自欺的话,我们就得承认生命根本上是虚无的,但生命虚无并不是我们消极生活的理由,恰恰相反,倒是我们积极生活的理由——此所谓"积极的虚无主义",是我们今天不得不采纳的人生态度。

尽管如此,尼采的格言诗《阿图尔·叔本华》好歹还算表扬了一下叔本华:

> 他传授的学说,已被人搁置,
> 他亲历的生命,将永世长存:
> 只管看看他吧!
> 他不曾听命于任何人![1]

---

[1] Friedrich Nietzsche, *Sämtliche Werke,* Hsg. von Giorgio Colli u. Mazzino Montinari: kritische Studienausgabe in 15 Einzelbänden, Band 11, Dt. Taschenbuch Verlag / De Gruyter, 1988, S.303.

第二章 | 既抒情又戏谑的哲思是如何成为可能的？

尼采的意思大概是：叔本华学问不行，人还不错啊。这可真是一个颠倒"三观"的另类评价，人们通常的说法是：叔本华不受人待见，对动物还不错，但在哲学上却是永垂不朽的了。

比起叔本华，另一位对尼采来说具有"导师"意义的大师瓦格纳则更悲惨，竟被尼采指控为"精神堕落"。尼采写过几回瓦格纳，其中有一首诗《致理查德·瓦格纳》的前半首如下：

> 你，不安的渴望自由的精神，
> 饱尝一切枷锁之苦，
> 屡战屡胜，却越来越受束缚，
> 越来越被厌恶，越来越受折磨，
> 直到你从每一种香膏中饮下毒汁——
> 可悲啊！连你也倒在十字架旁，
> 连你！连你也是——一个被克服者！[1]

尼采与瓦格纳的恩恩怨怨实在太过复杂，已经被写成几

1　Friedrich Nietzsche, *Sämtliche Werke,* Hsg. von Giorgio Colli u. Mazzino Montinari: kritische Studienausgabe in 15 Einzelbänden, Band 11, Dt. Taschenbuch Verlag / De Gruyter, 1988, S.319.

积极生活的理由

本书了，也不是这里要讨论的，这里且放过。[1]尼采这首诗作于瓦格纳逝世后不久（1884年），之后更著有《瓦格纳事件》（1888年），对瓦格纳艺术和思想做了最终的系统批判。但林林总总的说法中，若要总结起来，还是尼采上面的半首诗来得简单和干脆。尼采的意思无非是：瓦格纳起初是自由的和革命的，后来发达了，然后就堕落了，重归基督教传统。可悲乎？

尼采的嘲笑和讽刺无所不在，也无所顾忌。我们唯一未见到的是，尼采对他的"头号敌人"——苏格拉底——所作的讽刺诗，大概尼采在《悲剧的诞生》时期已经把这个"希腊丑八怪"骂了个够，不好意思再骂了。[2]而对于耶稣和基督教，后期尼采也还有嘲讽戏谑之诗，比如下面这首题为《新约全书》的短诗：

> 这是最神圣的祈祷之书
> 幸福之书和苦难之书？
> ——其实在它的门口

1　孙周兴.未来哲学序曲——尼采与后形而上学[M].上海：上海人民出版社，2016：23.

2　记得在《悲剧的诞生》时期，尼采曾这样骂苏格拉底：一个人长得丑，如何可能有好的思想？

第二章 | 既抒情又戏谑的哲思是如何成为可能的？

耸立着上帝的通奸！[1]

那么，我们是不是可以把"戏谑"规定为尼采诗歌（格言诗）的一个特质？我们知道，尼采《快乐的科学》的开头部分是德语韵律短诗，标题取自诗人歌德的同名小歌剧《戏谑、诡计与复仇》，但尼采本人却很少直接讨论"戏谑"。在《瞧，这个人》中，尼采对自己的《快乐的科学》的不无夸张的评价是："该书的差不多每一个句子都温柔地把握了深奥之义与戏谑风格。"[2] 虽然尼采这里没有用 Scherz（玩笑），而是使用了 Muthwille（故意、恶剧作、戏弄），但他对后者的赋义应该是与前者一样的。我们不妨录下尼采《戏谑、诡计与复仇》中的两首短诗（第一首和最后一首）：

吃货们，大胆品尝我的食物吧！
明天你们会感觉更美味
后天就将变得妙不可言！
如果你们还想要更多，——那好

---

[1] Friedrich Nietzsche, *Sämtliche Werke,* Hsg. von Giorgio Colli u. Mazzino Montinari: kritische Studienausgabe in 15 Einzelbänden, Band 11, Dt. Taschenbuch Verlag / De Gruyter.

[2] 尼采. 瞧，这个人 [M]. 孙周兴，译. 北京：商务印书馆，2016：107.

积极生活的理由

>我的七件旧物
>
>让我勇于追求七件新物。
>
>（《戏谑、狡计与复仇》第一首《邀请》）

>注定要去追逐星星的轨道，
>
>星星啊，黑暗与你有何相干？

>快乐地滚动吧，穿越这个时代！
>
>它的痛苦就会疏远你、远离你！

>你的光辉归于至远的世界！
>
>对你来说，同情当是罪恶！

>只一条戒律适合于你：保持纯洁！

（《戏谑、狡计与复仇》第六十三首《星星的道德》）

无论是尼采的格言诗（Sinnsprüche），还是箴言体散文（Aphorismus），字里行间多有这种"戏谑"之风，需要我们亲自体会。

既抒情又戏谑的哲思是如何成为可能的？

所以我的最后一个问题是："戏谑"对于尼采的哲学到底意味着什么？一般而言，哲思需要这样的"戏谑"之风吗？

"戏谑"（Scherz）的近义词是"戏弄"和"调笑"，这两者就都不那么正经了，都有些捉弄人、伤人的意思了，总之有点不严肃，与我想讨论的尼采的"戏谑"不合；或者可以说，如果没把握好"戏谑"的尺度，就会乱了方寸，沦于"戏弄"和"调笑"了。倒是汉语"戏谑"一词的古义甚好，它最早见于《诗经·卫风·淇奥》："宽兮绰兮，猗重较兮；善戏谑兮，不为虐兮。""戏谑"之事不易，以"不为虐兮"

为准则。我们看到，狂狷如尼采者，虽然经常口出狂言，臧否古今，但总的来说没有太出格，而是基于实事和义理，比如他对瓦格纳的书写。

我所谓的"戏谑"是比较广义的，含着嘲笑和讽刺、游戏与玩笑、幽默与情调、迷狂与想象，是一种自由的生活姿态，也是一种具有解构精神的哲思行动。可以认为，尼采哲学充分践行了这种"戏谑"。区别于音乐性的抒情之歌，尼采把自己的格言写作命名为"无歌的思索"，而且用"嘲笑""狂想""跳跃"三个词语来描述之，我以为是十分恰当的，这正是我理解的"戏谑"。

今天的哲学研究者恐怕终究得想一想：我们如何做哲学？或者说，我们如何从事哲学写作？世界变了，我们已经不再在自然人类以理性为准则、以统一和和谐为要求的生活世界里，我们的生活方式和哲思风格是需要被重新设想的。今天的哲学当然不再能像柏拉图那样来开展了，甚至也不再能像康德那样来做了。尼采是最早认识到这一点的少数现代哲人之一，他知道这个世界，这个被技术工业所改造的碎片化的世界，已经无法被串联为一个合理的整体；也就是说，人们再也不可能通过严肃的理性和理论方式对之做出完美的和系统的论证和说明了。

世界变了，今天的哲学需要抒情，也需要戏谑。

最后我还想补上一句：我们区分了激情的抒情诗与戏谑的格言诗，分而论之，仿佛有两个尼采似的，一是激情的尼采，二是戏谑的尼采。实情当然不可能是这样简单两分的。虽然尼采本人也区分了"歌曲"与"格言"，但正如抒情之歌无所不在，戏谑的哲理也是普遍的，而且更重要的是，两者也是可能"交合"的。

与尼采一道，我们还得追问：戏谑可能是一种哲思风格吗？是何种哲思风格？而更周全的问法也许是：既抒情又戏谑的哲思是如何成为可能的？

哲学家如何看待技术对人类生活的冲击与改造，我们应该拥有怎样的生活？

第三章

自然人类技术化的限度何在？[1]

---

[1] 作者在首届未来哲学论坛（2018年11月23—24日，上海张江 ATLATL 创新研发中心）举行之后接受《新京报·书评周刊》记者杨司奇的书面采访，定稿于2018年11月28日，于2018年12月1日发表于《新京报·书评周刊》。

2018年11月23日至24日，首届"未来哲学论坛"在上海召开，论坛主题是"技术与人类未来"，会上的讨论主要涉及人工智能和生物技术问题。在论坛结束后的采访中，本人作为本次论坛的发起人回答了新京报记者的若干问题，就"未来哲学"的相关论题做了阐述，当今最热门的新技术已经开始触动自然人类最内在的本质，使得我们不得不追问：自然人类技术化的限度何在？未来技术的限度何在？这些问题要求哲学人文科学的积极介入。

对基因编辑的恐慌是自然人类的正常反应

记者： 由生物技术实现的人类自然身体的技术化，以及由智能技术完成的人类智力和精神的技术化，使得一种现有人类无法定义的新物种——"赛博格人"产生。在您看来，这是否重新定义了"人"？或者已出现的各种可穿戴电子设备，可能已经是某种赛博格化的开始，您是否接受人类的赛博格化？除了身体上隐蔽的非自然化，您如何看待现代技术对人类思想和意识本身的影响？

孙周兴： 你的说法也是我最近一篇文章里的讲法，我在里面的基本想法是：自然的人类文明正在过渡为技术的"类人文明"。"类人文明"这个表述主要指向人类身－心的双重非自然化或技术化,即目前主要由生物技术(基因工程)来实现的人类自然身体的技术化,以及由人工智能技术(算法)来完成的人类智力和精神的技术化。

你问我是否能接受人类的"赛博格化",说实话,我的回答将是无奈的,也可能是自相矛盾的。我讲的自然人类在身－心两个方面(肉身与心智)的非自然化(技术化),并不是一个假设,而是一个正在进行中的现实进程,而且是加速度的推进。目前还看不出来有什么力量可以阻止或者哪怕是延缓这一技术进程。这大概就是我所说的"技术统治"。这种情形让我感到无奈。一方面,作为自然人类的一员(也许是最后一批自然人类的一员),我当然有自然的(肉身的)人类的情感和思想,也有对自然人类文明价值的尊重和对自然人类生活习性的喜好,这时候我对速度越来越快的对于身体的技术化和心智的技术化是抵抗的,人将变成"非人"或者"类人",当然让我们自然人深感不爽,这都叫什么事呀?然而,另一方面,我也分明享受着现代技术带来的福祉,比如长生长寿,比如舒适和快乐,比如各种便捷,这时候如果简单地否定技术,其实是不妥当的,也是不公正的。也许思想家海德格尔的狡计是对的:我们对技术要既说

"是"又说"不"。

记者： 赫拉利认为，人类应当随着数码化革命成为"神人"，这个说法使人想起陀思妥耶夫斯基的"神人"，但二者的神学背景是不同的。德国哲学家加布里埃尔在本次未来哲学论坛的发言中也提到，有关人工智能的争论充满了神学前提。这使我想起您对"未来哲学"的另一个总结，您说未来哲学要协助唤醒一种神性敬畏，在一个后宗教的时代里，依然需要一种"后神性的神思"。您可否继续谈一下这个问题？

孙周兴： 这个问题太大了，我无法展开讨论，在此只能略作提示。我把宗教当作自然人类的精神表达方式之一，对于进入技术化（非自然化）进程中的人类来说，它不再是一种强有力的、支配性的力量了，而是一种日益衰落的势力。在尼采喊出"上帝死了"之后，世界范围内的宗教衰败越来越明显，教堂和庙宇多半成了游乐场所，家庭和婚姻关系松动，总体情况就是这样，人类文明进入"后宗教"时代。我们也看到，随着传统宗教的没落，人类的道德感也趋于弱化，为什么？因为传统道德是以宗教提供的"敬畏之心"为基础的，现在宗教抽离和退场了，道德当然就失去了支撑。

那为什么我说依然需要唤醒一种"后神性的神思"呢？并不是说我们人类将成为赫拉利所讲的"神人"，而倒宁可说，人要成为尼采所讲的"超人"——尼采的"超人"并不是无法无天的神物，而是"忠实于大地"的"低人"，也就是要在技术时代重获"自然性"的新人类。要注意尼采对"超人"的规定，在"超人"身上展现的是未来人类的技术性与自然性的二重性关系。

我的意思其实是，技术的进展需要一种节制和平衡的力量，这种力量也可能被叫作"敬畏之心"。

只有关怀未来的哲学才可能具有真切的历史感

记者：哲学首先是"未来之思"，这是"未来哲学"的一个出发点。但陈嘉映老师在本次论坛发言时对"未来哲学"的概念提出了一定的疑问，他认为哲学的思考对象是过去，对于未来，我们无法反思。当时在现场，余明锋博士回应，哲学之前的思考对象其实不是过去，而是永恒，是时间之外，这才是哲学的开端。您如何看待这个问题？

孙周兴：陈嘉映教授做报告时，我刚好不在会场，没有听到他的高论。我知道，他的质疑不是没有道理的，也不光是他有此疑虑。习惯上我们总是认为哲学的特性是反思性的，哲学的工作是反思和批判，而反思终归是朝向过去的，如果你说我反思未来，人家会说你不正常。但这恐怕是传统哲学的看法，传统哲学的主体是本质主义或普遍主义，在线性时间观念的支配下，传统哲学总是执守现成性，目标是要对现成事物（现实性）做出普遍的规定。对于未知的和不确定的未来，传统哲学确实考虑不多，尽管也并非完全不顾及未来之维。不过，就像我们所知道的，现代哲学却不只有本质主义哲学了，特别是从19世纪中期以来，出现了一种指向未来的新哲学类型，就是历史上一直隐伏、自马克思之后才得以浮现的"实存主义"或"存在主义哲学"——我更愿意称之为"实存哲学"。这种哲学不是普遍主义的，也不是朝向过去和历史的，而是着眼于未来的可能性，以未来之维来牵动现在之维和过去之维。当然在这个时候，对物理的"线性时间观"的克服是一个前提，在尼采时期就已经形成了一种我所讲的"圆性时间观"。因为时间关系，我这里不能多讲。[1]

需要强调指出的是，我讲"未来哲学"，并不是要否定哲学和人文科学的历史性特征，更不是要提倡一种否弃历史

---

[1] 孙周兴.圆性时间与实性空间[M]//孙周兴.人类世的哲学.北京：商务印书馆，2020：189.

和传统的未来主义。恰恰相反,我认为,只有基于未来之思和未来关怀的哲学和人文科学的讨论,才可能是具有真切的历史感的讨论,也才可能有对历史和传统的尊重。

记者: 您曾对海德格尔的"未来哲学"有过几点总结,其中一点是未来哲学具有艺术性,未来哲学必然要与艺术联姻,结成一种遥相呼应、意气相投的关系。另外,未来新文化的主题是技术、政治和艺术,新哲学将面对的是新的文化和生活现实,技术、政治和艺术成为它的基本主题。这次与"未来哲学论坛"联姻的是"本有之花"艺术展,可否具体谈谈您对艺术与未来哲学的看法?

孙周兴: 我在《未来哲学序曲——尼采与后形而上学》[1]一书以及近期的一些其他文章和报告中,比较粗略地表述了"未来哲学"的内涵和意义。"未来哲学"不是我首创的提法,而是尼采晚年的一个表达,更早的德国哲学家费尔巴哈也有类似的说法。尼采对"未来哲学"的设想也是语焉不详。但这无关紧要。需要说一说的是,我所谓的"未来哲学"是在

---

1 孙周兴. 未来哲学序曲——尼采与后形而上学 [M]. 上海:上海人民出版社, 2016.

积极生活的理由

哲学背景上归于我前面提到的"实存主义"或者我们通常说的"存在主义"。这种哲学是欧洲主流的本质主义哲学的"异类",从19世纪后半叶开始渐成气候,它的口号是"实存先于本质",也被我们译成"存在先于本质",意思是可能性高于现实性,意思也是未来才是哲思的引导性方向,所以这种哲学首先就是一种"未来哲学"。这种"实存哲学"重在指向未来可能性的创造性活动,强调个体的自由以及向未来的开放,所以它根本上就是一种"艺术哲学"。在第二次世界大战以后兴起的"当代艺术",实际上是以这种"实存主义"哲学为思想背景的。可以说,"当代艺术"本身就是"实存主义"思潮的一个重要的组成部分。在"当代艺术"中,艺术与哲学已经处于差异化的交织运动中了。

我们这次未来哲学论坛开幕时,邀请了两位科学家谈生物技术和人工智能;在论坛结束时,举办了一个名为"本有之花"的艺术展的开幕式。我是故意这样设计的,我邀请了六位哲学家谈技术与未来,也邀请了六位艺术家展示他们的最新创作,全是关于花的油画作品。有心的观众会理解我的用心。哲学落幕而艺术开幕,多好!

第三章 | 自然人类技术化的限度何在？

"虚无主义"已经进展为"技术虚无主义"

记者：之前在中国人民大学哲学院举行的您主编的《海德格尔文集》30 卷发布会上，"未来哲学"也是题中之义。张志伟教授提到，当代哲学危机的根源，归根结底仍是虚无主义的威胁，古代社会人类打造的防御虚无主义的铠甲已经分崩离析，我们重新暴露在了虚无主义的威胁之下。您这次在发言中也提到，原子弹爆炸事件宣告了"技术统治"时代或者说"人类世"的到来，哲学家安尔德斯将此时代的特征称为"绝对的虚无主义"，斯蒂格勒称之为"完成了的虚无主义"。又半个多世纪过去了，现今的虚无主义与尼采、海德格尔所思考的虚无主义相比，有哪些不同？

积极生活的理由

孙周兴:"虚无主义"听起来是一个贬义词,你的表述也有此倾向。但至少在尼采那里,"虚无主义"恐怕还不是完全贬义的,比如尼采就自称"虚无主义者"。尼采再傻也不会骂自己的。尼采区分过不同的虚无主义,有虚无主义的预备形式"悲观主义"(比如叔本华的哲学),也有"完全的虚无主义"与"不完全的虚无主义",还有"积极的虚无主义"与"消极的虚无主义"等,十分复杂。这些我们可以不管,如果要用一句话来说,在尼采那里,"虚无主义"就是"最高价值的贬黜",就是说传统的价值体系崩溃了。传统价值体系的核心是什么呢?尼采是有清晰认识的,他曾说过,虚无主义者有双重否定:一是否定"理性世界",即由哲学和科学构造起来的"本质世界";二是否定"神性世界",即由基督教构造出来的"理想世界"。这样一来,源于希腊的哲学的本质主义(普遍主义)和源于希伯来的神学的信仰主义,这两项是西方传统文化的核心要素,现在一概被否定了,是为"虚无主义"。

"虚无主义"好不好?就看你怎么看传统价值了。尼采也用"上帝死了"来表达"虚无主义"。"上帝死了"好不好?就看你需不需要上帝了。尼采发起形而上学批判,首先得欢呼传统哲学和宗教的衰落,也即传统价值系统的瓦解。

"上帝死了",人才有自由。就此而言,尼采的"虚无主义"是正面的和褒义的,至少是中性的。

尼采之后,传统本质主义哲学受到了欧洲内部的和非欧洲的多元思想方式的挑战,基督教信仰体系的衰落日益明显,在社会生活的各个层面和各个领域都有表现。两次世界大战最终验证了尼采的虚无主义断言,即欧洲启蒙理性和基督教超验信仰体系的颓败。而标志着战争结束的原子弹爆炸,最后把"虚无主义"坐实为现代技术的统治地位,我称之为"技术统治"。实际上,"虚无主义"已经进展为"技术虚无主义"了。尼采的确是天才,他预见到了一个即将到来的文明断裂式变局,即自然人类文明向技术人类文明的裂变,并且用"虚无主义"这个命题来加以表达。海德格尔接过尼采的话题,不但把"虚无主义"设为欧洲形而上学史的本质,而且进一步把这种文明的裂变与现代技术相联系,把现代技术视为"存在历史"最后的命运性的阶段。

你的问题不好答,一定要答的话,我大概会说,"虚无主义"是传统价值体系的崩溃,也可以说是自然人类精神表达方式(特别是传统哲学和宗教)的衰落;而尼采和海德格尔之后,特别是在1945年原子弹爆炸之后,现代技术的统治地位得以真正确立,"虚无主义"获得了最后的验证;而战后加速推进的现代技术及其全球展开，只是越来越表明"虚无主义"已经成为世界的现实，也许可以称之为"技术虚无主义"。

记者：现代技术带来了人类文明史上的大变局，人类真正进入马克思所谓"普遍交往"的过程中，但人似乎变得更孤独了。一方面是被技术无限放大的普遍交往的可能性；另一方面则是个体在虚拟空间中被平均化、格式化、同质化，人类有了另一种深重的孤独，这在许多文学影视作品中，比如《黑镜》，比如《她》（*Her*），都有所反映。您怎样看待这种技术性孤独？

孙周兴：你这个问题我在别处说过，这里不妨再简单说说。马克思设想的共产主义社会有两个前提，一是生产力高度发展，二是普遍交往。我们看到，马克思之后的全球文明的进展表明，他说的这两个前提都在一定程度上得到了实现。那么，我们正在走向马克思所想象的"共产主义"吗？我愿意说是的。在我看来，马克思是第一个清醒的技术哲学家，他的预判基于对当时刚刚兴起的技术工业的深刻认知。当然，马克思不可能想象原子弹，更不可能设想互联网和机器人，以及今天热议的生物技术（基因工程），但他早于尼采和海德格尔，看到了一个由现代技术支配的工业资本社会体系的形成和进展，看到了自然人类文明的瓦解，也看到了未来文明的可能性样式。这是马克思的天才之处。

全球人类的普遍交往首先起于物质层面，即全球贸易和物流体系的建立；到 20 世纪下半叶，互联网把全人类带入一个电子网络之中，迅速实现了人际普遍交往的目标。无论是在物质层面还是在人际层面，马克思所说的"普遍交往"根本上都是一种同一化和同质化的过程。在物质层面上，自然物和人工物原本占据着自然人类的生活世界，但现在它们已经退场了，千篇一律的机械复制的技术物占领了今天的生活世界；在人际层面上，自然人类的语言多样性和文化多样性快速消失，人类的思维方式、感知方式和生活方式日益趋同，被同一化和同质化。一方面，通过互联网技术，个人的交往可能性被无限放大，信息和意见的交换变得极其便捷；但另一方面，一个被放大的个体却陷于一种技术性孤独，他与他人的具身的实质性交流越来越少，只剩下了虚拟空间的形式交流，甚至可以说抽象的交流。这种交流之所以令人担心，是因为它具有非自然性和非实质性，也可以说虚假性和非具身性。我认为这是自然人类被技术化的一个必然后果。

积极生活的理由

记者：海德格尔认为，面对技术文明的危险局势，首先是要对技术文明进行正本清源的批判。您如何看海德格尔的技术哲学？这次未来哲学论坛邀请了法国哲学家斯蒂格勒，他的技术哲学如今备受关注，您如何评价他关于技术的思考？关于"我是谁"的问题，斯蒂格勒给出了技术哲学的解释："技术是人本身"（Alors technique est le propre de l'homme）。您怎么看？

孙周兴：在20世纪哲学中，海德格尔对技术的思考是最深刻的，因为他把现代技术当作一个形而上学的现象来思考，认为现代技术的起源在于欧洲形而上学，特别是近代主体性形而上学，也就是在近代欧洲出现的对象性思维方式和对象化行动。我认为这种追本溯源的讨论是有意思的和正当的。

我对法国哲学家、德里达的弟子斯蒂格勒的技术哲学没有研究，有兴趣，但还没有机会深入阅读。根据我的有限了解，我认为斯蒂格勒的技术哲学还是欧洲式的，其基本想法是：技术对于人类来说是本质性的，技术的过度发展却是令人担忧的，所以他说技术既是毒药又是解药，需要发展一种"负熵"的经济。这些说法是靠谱的。

我们需要抵抗，但不是一味地反技术

记者： 您曾表述过这么一段关于人文科学的构想——人文科学需要创造性地想象一种新文明样式，它可能是"后人类"的，可能是人机结合的，也可能是智能统治的。人文科学更要想象一种"人文智能"（而非人工智能）的可能性。这种"人文智能"是怎样的一种样态？又该如何实现？

孙周兴： 这是我关于人文科学现状的忧思吧，好像没有太多的意思。几年前，我向同济大学人文学院的教授委员会提出一个建议：在学院里新开设一个"智能人文"或者"数码人文"新专业，结果很不幸，被学院教授委员会否定了两次,弄得我不好意思再提了——我还是这个委员会的主任呢。我当时的初步设想是,人文科学不能永远是文史哲,更不能永远是通史和经典,而是要有自我更新和自我革命的力量,要对技术时代和技术现象有积极反应的能力,要有面向未来的创造力等。以我的建议,"智能人文"专业的本科生不但要学人文科学,而且要学人工智能方面的课程,可以设计为智能、人文各占一半的课程量,这样学生毕业时,就有双重的知识结构,而不是只知道虚构未来和追忆过去时代的美好生活的传统人文学者。很遗憾,我的这个理想还没有实现。

至于"人文智能",我忘了是在哪里说的。如果我真的说过,我想我要表达的是,艺术家和人文学者不应该袖手旁观,而要积极介入正在推进的人工智能对我们生活世界的创制过程,发挥我们的创造性作用,努力使技术性的"人工智能"变成"人文智能"。迄今为止,我仍然认为,艺术和哲学将为重建我们的技术生活世界做出贡献。我依然愿意相信博伊斯的名言:世界的未来是人类的一件艺术作品。

记者:您说过,我们今天的时代也许是"最哲学"的时代,人人都可以是哲学家。斯蒂格勒也有相似的表述,人人

第三章 | 自然人类技术化的限度何在？

都可以是艺术家，建立业余爱好者共同体是反抗"熵化"的方式。我们需要一种抵抗的力量，特别是通过哲学和艺术，但仅此似乎还不够，还需要有一个政治的讨论方式，所以您提出，未来哲学的根本课题在于如何提升全球政治共商机制，以平衡技术的全面统治。但这种共商机制的实现毕竟很难，您有哪些构想？

孙周兴： 哈哈，你这个问题更难了，可以说有些不着边际了。我的回答大概也只能是泛泛而谈。我还不是一个斯蒂格勒式的行动者，据说这位法国哲学家已经建立了自己的组织，已经付诸行动了。世界上当然也有不少群体和组织，有思想者组织，也有信仰团体，也有民间组织，对技术工业和资本主义制度的抵抗一直存在，其样式很多，有些是令人感动和令人赞赏的。我本来是一个学院派的学者，重点做的是尼采和海德格尔哲学的翻译和研究工作，我的生活是学究式的，只是最近几年转向了当代艺术哲学和技术哲学，但我的思考还在途中，尚未形成系统的思想框架，更没有明确积极行动的方向。

在不少场合，特别是谈到当代艺术时，我也谈过普遍意义上的"抵抗"。人生就是一场抵抗，生活中到处需要抵抗，我们在前进时要抵抗，在后退时也要抵抗。我们要抵抗无聊，也要抵抗奢靡。说到现代技术及其生活世界，我们同样需要一种抵抗的姿态。但这显然不是一味地反技术和简单地否定技术。事到如今，反技术的姿态越来越虚假，越来越不能令人信服。艺术与哲学，或者一般而言的人文科学，大概可以构成对技术和技术生活方式的一种"抵抗"。但对于今天和未来的技术文明而言，人类需要形成一种政治共商机制，实际上也已经出现了这种机制，只是因为主权国家、民族宗教等要素的存在，目前的国际共商机制还相当不成熟，还需要各色人种、各个民族、全球人类的共同努力。我说过，所谓"人类世"或者技术时代到来的标志是，技术统治压倒了政治统治，因为后者是自然人类文明的统治形式。对于未来的技术人类文明来说，重要的倒可能是重振政治统治，或者说，是在技术统治与政治统治之间寻求一种平衡。就未来哲学而言，我认为重要的是技术哲学与政治哲学的相互构成和补充。空谈什么"共商机制"当然没啥意思，但提出问题、挑起论辩、给出预测，仍不失为开端性的工作。

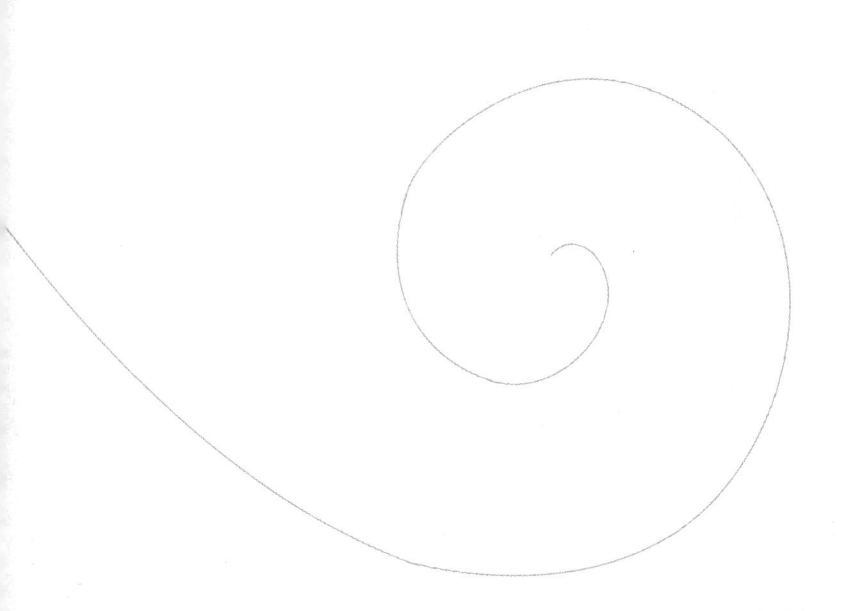

"人的科学"分为人类技术工程和艺术人文学,两者间的斗争将影响人类生活。

第四章

什么是最后的斗争？

——艺术人文学的新使命[1]

---

[1] 根据作者 2021 年 6 月 18 日下午在华东师范大学主办的"新文科视野下文史哲跨学科研究与育人研讨会"上的发言整理成稿，后以《开拓面向技术人类文明的艺术人文学》为题，载于《探索与争鸣》，2022 年第 3 期。收入本书时有较大幅度的改动和扩充。

艺术人文学自近代以来一直受科学主义的挤压和排斥。艺术人文学的"空心化"成为一个艰难的世纪命题。在技术统治时代，艺术人文学还有生机吗？本文认为，两类"关于人的科学"——人类技术工程与艺术人文学——将构成未来人类文化新格局，可以说，人类的命运将取决于两者以及两者的关系。"人类技术工程"本质上是逆反自然的，自然人类不断被计算和被规划（尼采语），进入非自然化的技术同一性框架之中。而艺术人文学则是逆反技术的，本质上是一种非同一性的势力。在今天以及在未来，无论是为了抵抗技术工业的同质化和普遍化进程、保卫个体自由，还是为了技术人类的自然性保存，我们都更需要艺术人文学了。两类"关于人的科学"之间的关系将更多地是一场"贴身肉搏"。艺术人文学必须有能力介入这场"最后的斗争"。

第四章 | 什么是最后的斗争？

国内这几年热议"新文科"，但我是第一次参加有关"新文科"建设的讨论会，不知道能讲些什么。我们大概已经习惯于发起一波又一波的学习和讨论，制造一些新的概念和新的说法，有点类似于被夸张了的当代艺术（观念艺术）的做派。如果大家对此是当真和用心的，说不定会有所创获，怕只怕流于空疏的议论而没有切实的行动。不过，贵校的"新文科"建设计划好像是真的，校长亲自挂帅，全校整体动员，可见是严肃认真的。我无法直接讲"新文科"，只想趁此机会来讲讲艺术人文学（人文科学）的新使命。我专门准备了一个 PPT（演示文稿），主要讲如下三点：一、从马克思时代开始文科就落伍了；二、当今知识状况："人的科学"之争；三、什么是最后的斗争？

积极生活的理由

从马克思时代开始文科就落伍了

我们的人文科学确实应该有所更新、有所改造了，永远不变的"文史哲"恐怕是不够的了，是不合时宜的了。长期以来，人文科学被边缘化，被空心化，被人看不起，甚至被社会科学家们看不起，这固然是来自西方的"技术统治"的天命使然，但难道就完全没有我们人文科学本身以及从业人员自己的责任吗？前段时间我做过一个报告，题目叫作"世界变了而你还没变"，就提出了这样一个问题。我这个题目似乎也可以针对今天的人文科学来说。缅怀往昔好时光的、"高冷"而保守的"文史哲"只能是自娱自乐，这必然会导致学科越来越走向"冷门绝学"。

除了自然人类的历史性天命,人文科学自身的最大问题是什么?我认为就是它的龟缩和逃避策略。所谓"历史学的人文科学"(德国哲学家狄尔泰语)习惯性地逃避现实,通过回忆过去、维护传统,甚至通过对过去某个"美好时代"的虚构和美化来蔑视现实的生活世界。哲学界甚至有一个流行的说法:哲学就是哲学史。更有人以哲学的"反思性"本质来论证哲学的历史性,否定哲学的未来性:哲学是反思,反思难道不是朝向过去的吗?

人文科学的历史性习惯和逃避策略,说来也是情有可原的,原因主要有如下三项。一是自然人类有回忆和尚古的本性,本性使然,这在古典时代就已经显形和定型了。所谓"模仿"(mimesis),在欧洲主要是"师法自然""向自然学习",在中国主要是"师法古人"[1],二者在古典时代都被尊为高贵的行动。二是自然人类的惰性,筹划未来比回忆过去更难,持守过去和历史是更轻松的事,未来不可确定,如何预感?如何言说?如何把握?三是面对技术文明的碾压,作为自然人类的精神价值表达方式,人文科学只好无力地通过历史性的退缩和回避来应对,但这似乎也可理解为一种"抵

---

[1] 今天国内美术学院国画专业的学生须长期临摹宋画,可见我们的艺术教育依然是古典的。

抗",只不过这种"抵抗"终归过于被动和消极。

那么,人文科学还有戏吗?我们讨论"新文科",应该已经假设了一点:人文科学还有未来,还是有希望的。我的期待要更高一些。我认为,人文科学(艺术人文学)到了"绝地反弹"的时候了,而前提是,它必须改变自己的旧式定向和思想策略,要从"历史性的人文科学"转向"未来性的人文科学"。为什么要有这样一种改变和转向呢?简单说,还是因为时代变了,世界变了;而往深处说,主要是因为技术工业的深度整体改造,自然人类文明体系受到摧毁性的攻击,面临崩溃,这时作为自然人类精神表达系统之基础部分的人文科学也就岌岌可危了,一种被打上技术工业烙印的新文明——我愿意称之为技术人类文明——需要一种新的表达,因此需要"新文科"。

在这方面,马克思确实是一位先知哲学家。在技术工业启动不到百年(1848年)时,马克思就有了下面的著名断言:

"生产的不断变革,一切社会状况不停的动荡,永远的不安定和变动,这就是资产阶级时代不同于过去一切时代的地方。一切固定的僵化的关系以及与之相适应的素被尊崇的观念和见解都被消除了,一切新形成的关系等不到固定下来就陈旧了。一切等级的和固定的东西都烟消云散了，一切神圣的东西都被亵渎了。"[1]

这是《共产党宣言》里的一个著名段落。马克思在说什么呢？"一切等级的和固定的东西都烟消云散了"——今天人们读懂这段话了吗？我认为未必。至少，人们恐怕还没有理解它的深意。

以我的理解，马克思在这里不仅描述了当时的社会现实状况，也已经更深刻地预见到：在技术工业的强势作用下，自然人类精神表达体系趋于衰败。所谓"一切坚固的东西已经烟消云散"，这样的状态就是虚无主义。

自然人类精神表达体系的核心内容是哲学和宗教，两者构成欧洲"形而上学"的主体部分。哲学是制度性的，是制"度"的，也即制定形式规则的；而宗教是道德性的，是为自然人类的心性信仰而设的。哲学的主体指向形式领域的先验本体论/存在学，可视为广义的"先验哲学"，而宗教的主体则指向神性领域的"超验神学"。从根本上讲，两者都是自然人类面对线性时间带来的虚无感而构造的超越性方案，在欧洲-西方传统中就是哲学的形式超越性和宗教的神性

---

[1] 马克思，恩格斯．共产党宣言[M]//马克思，恩格斯．马克思恩格斯选集：第1卷．北京：人民出版社，2012：403．

超越性。当然，更为复杂的情形在于，"形而上学"的两个部门即哲学与宗教，在历史上总是相互串联的，处于相互影响、相互交织的关系之中。

回头看上面引用的马克思的话，我们就不难了解，他所谓的"一切等级的和固定的东西"无非是由作为自然人类精神表达之核心要素的传统哲学和宗教构造起来的价值机制。

马克思、尼采之后，技术工业进入普遍化（殖民化）和加速化通道，文明断裂愈发明显，启蒙借助于电光世界而得以完成——我们特别需要注意在19世纪后期发生的火光向电光的转换，这种转换至关重要。火光是自然人类的自然光源，而电光则是技术人类的技术光源，可以说，电光的出现（1879年）意味着技术人类生活世界的真正形成。一个技术之光普照的光明世界出现了，技术统治地位得以真正确立起来。进入20世纪，技术理性演变为机械战争，前后两次世界大战根本上是技术工业之战，是"钢铁之战"，最后终结于原子弹的绝对暴力。至1945年第二次世界大战结束，"人类世"在地球史和文化史双重意义上得以确认：在地球史意义上，"人类世"意味着人类的技术活动首次成为影响地球的势力，地球演化进入一个新世代；而在文化史意义上，"人类世"意味着文明的一个巨大变局，意味着一个技术统治的新世界的真正确立。

　　所以要我说，今天在我们这儿热议的"新文科"在马克思那里就已经开始了，只可惜马克思及其先知般的文明预言经常被误解和曲解。不但国际共产主义运动经常偏离马克思指明的方向，人文科学同样未能跟进、及时回应马克思的行动和解放诉求。所谓"新文科"已经延误了，不该再延误下去了。

积极生活的理由

当今知识状况:"人的科学"之争

"新文科"是何种科学呢?在他的未来文明预判中,马克思提到了"人的科学":"自然科学将失去它的抽象物质的方向或者不如说是唯心主义的方向,并且将成为人的科学的基础,正像它现在已经——尽管以异化的形式——成了真正人的生活的基础一样。"[1]

今天我们似乎终于可以接过马克思的话题了,"人的科学"的时代已经到来。未来新科学/新知识的格局已经摆了出来:

---

[1] 马克思,恩格斯.马克思恩格斯全集:第 3 卷 [M].北京:人民出版社,2002:307.

1. 人类技术工程（人工智能和基因工程）；
2. 艺术人文学（人文科学）。

这两者实际上都是"关于人的科学"，或者如马克思所说的"人的科学"。这里所谓"人类技术工程"，是我斗胆给出的一个实验性的命名，我们或许也可以称之为"人类技术学"，是关于人类自身的科学研究和技术处理；而所谓的"艺术人文学"即传统意义上的人文科学，它本来就是"人之学"，但在很大程度上不能被叫作"科学"（science）。

什么是"人类技术工程"？我们知道，今天围绕人类自身而展开的科学研究和技术加工集中于两门最热闹的新技术，即人工智能和基因工程。它们都具有"工程"性质，都信心满满，致力于最终解决人类自身之谜，并且都声称有能力使人类永恒化和无限化。如果说机械工业是自然人类的人力/体力的延伸，那么人工智能（AI）就是人类智能的延伸和放大。如果说人工智能是人类思维/精神的技术化，即计算化/数据化，那么基因工程/生物技术则是人类肉身/身体的技术化。"人类技术工程"中的这两门核心科学构成对人类精神和肉身的双重技术化。

以人工智能和基因工程为代表的"人类技术工程"是现代技术的同一化/同质化进程的最后/终极阶段。这个阶段也是所谓"人类世"（Anthropocene）的后半段。它们是人类最后的技术吗？这是许多技术悲观论者的忧虑。技术乐观论者（尼采所谓"科学乐观主义者"）当然会说不，然而，无论就目标对象还是就后果和效应来说，它们对于自然人类都具有终结性意义。

"艺术人文学"即通常所谓"人文科学"的现代形态是欧洲－西方的，但自近代以来一直受科学主义的挤压和排斥。特别是技术工业兴起以后，传统人文科学的地盘不断被各门科学侵占，在理论模式和方法上越来越成为科学技术的附庸，从而越来越丧失自主性和影响力。艺术人文学/人文科学的"空心化"成为一个艰难的世纪命题。我们今天来讨论"新文科"，本身也有这方面的动因和考量。我们试图借此追问：在技术统治时代，艺术人文学/人文科学还有生机吗？

两门（两类）"关于人的科学"——人类技术工程与艺术人文学——将构成未来人类文化新格局。我们完全有理由说，人类的命运将取决于两者以及两者的关系。两者之间的紧张关系可以表达为自然与技术的"二重性"（Zwiefalt），而不是简单的二元对立和对抗。

"人类技术工程"本质上是逆反自然的，包括人工智能和基因工程在内的新技术（人的科学）加速了自然人类的衰败，自然人类不断被计算和被规划（尼采语），进入非自然化的技术同一性框架之中。海德格尔同样预见了我所谓的"人类技术工程"，他预言：人类已经从通过技术加工自然进展到通过技术加工人类自身了。而"艺术人文学"则是逆反技术的——虽然不见得是诅咒技术的，但它在本质上却是一种创造异质和差异的非同一性势力，因而是与现代技术背道而驰的。

艺术人文学今天如何介入技术世界，抵抗技术的无节制发展？什么是恰当的面对技术的姿态？我们每个人今天都会面临这个问题。我在大学里待了快 40 年了，看到了大学越来越严苛的量化管理。今天高校里无论是纳新、升等还是绩效考核，全都是计量化的，在这个系统里，哲学人文科学最受伤害。但我们必须看到，计量/数量化是人工智能时代的普遍趋势，是时代大势，可能以中国为最，个体是无法抵抗的，我们每天都在感受，只能忍受。在这样普遍技术化、普遍量化的状况下，艺术人文科学如何抵抗？这跟我们每个人都有关联，你抵抗不了，但不抵抗不行，不抵抗的话我们只能加速"完蛋"。

在今天以及在未来，无论是为了抵抗技术工业日益趋于强暴的同质化宰治、保卫个体自由,还是为了技术人类的自然性保存(人类在技术统治时代的自然性保存),我们都更需要"艺术人文学"了。

什么是最后的斗争？

上述两类"人的科学"（人类技术工程与艺术人文学）之间的关系将越来越紧张，问题越来越急迫，越来越成为一场性命攸关的"贴身肉搏"。艺术人文学必须有能力介入这场"贴身肉搏"。如果现代技术是人类的"天命"，那么艺术人文学的"抵抗"只可能是一场虽败犹荣的战斗。第二次世界大战后兴起的当代艺术已成先导，而正如约瑟夫·博伊斯所言：这是每个人的战斗。

核心的和终极的问题恐怕在于：1. 人类在肉身和精神上被技术化的界限何在？ 2. 在人类身上展开的这场斗争的结局

是什么?有可能取得一种平衡吗?[1]

什么是"最后的斗争"?欧仁·鲍狄埃于1871年作词、皮埃尔·狄盖特于1888年谱曲的《国际歌》号召无产者团结起来,投身于"最后的斗争"。我们从小就经常吟唱《国际歌》,歌词中最熟悉的几句是:"这是最后的斗争,团结起来到明天,英特纳雄耐尔就一定要实现!"

这是无产阶级革命的政治动员。这种政治动员有没有成功?在何种意义上是成功的?国际共产主义运动以及后来的社会主义运动提供了十分复杂的实践案例,让我们不好轻易判断。我不做判断,而只想指出一点:20世纪90年代东欧社会主义阵营的解体,以及社会主义实践的各种曲折、困苦、遗憾,并不能证明马克思所设想的未来"共产主义"制度形态的虚妄。

马克思设想的"最后的斗争"是无产阶级与资产阶级的斗争。在《共产党宣言》中,马克思首先断言:"至今一切社会的历史都是阶级斗争的历史。"[2]我们要注意,马克思是

---

[1] 孙周兴.自然被人类技术化的限度何在?[N/OL].新京报书评周刊.(2018-12-1)[2022-10-26]. https://baijiahao.baidu.com/s?id=1618584883044018924&wfr=spider&for=pc.

[2] 马克思,恩格斯.共产党宣言[M]//马克思,恩格斯.马克思恩格斯选集:第1卷.北京:人民出版社,2012:400.

在他的唯物史观的社会批判中做出上述断言的，因为阶级的存在只与特定的生产发展阶段相联系。更重要的是，马克思是从技术工业（特别是大机器生产）的角度来理解阶级斗争的，他写道："在当前同资产阶级对立的一切阶级中，只有无产阶级是真正革命的阶级。其余的阶级都随着大工业的发展而日趋没落和灭亡，无产阶级却是大工业本身的产物。"[1]

在马克思的技术工业的逻辑中，资产阶级与无产阶级的"最后的斗争"依然是大工业发展的必然后果："资产阶级生存和统治的根本条件，是财富在私人手里的积累，是资本的形成和增殖；资本的条件是雇佣劳动。雇佣劳动完全是建立在工人的自相竞争之上的。资产阶级无意中造成而又无力抵抗的工业进步，使工人通过结社而达到的革命联合代替了他们由于竞争而造成的分散状态。于是，随着大工业的发展，资产阶级赖以生产和占有产品的基础本身也就从它的脚下被挖掉了。它首先生产的是它自身的掘墓人。资产阶级的灭亡和无产阶级的胜利是同样不可避免的。"[2]

这是马克思对"最后的斗争"所做的最出名和最直接的

---

[1] 马克思，恩格斯.共产党宣言 [M]// 马克思，恩格斯.马克思恩格斯选集：第1卷.北京：人民出版社，2012：410—411.

[2] 马克思，恩格斯.共产党宣言 [M]// 马克思，恩格斯.马克思恩格斯选集：第1卷.北京：人民出版社，2012：412—413。

描述。今天我们得追问：今天和未来还需要无产阶级斗争吗？无产阶级斗争依然是"最后的斗争"吗？

马克思以先知之眼观察了技术工业和资本社会的运行规律、深层逻辑和基本方向。然而，马克思毕竟生活在技术工业和资本主义的初级阶段，他没有看到技术工业的普遍化－格式化的程度和速度，无法想象技术工业或他所谓的"大工业"导致的生产力的巨大提高所带来的资本财富的"溢出"效应，特别是技术工业从电气化到信息化的加速推进，更不能设想现代技术的加速发展使现代资本社会生产关系发生了巨变，尤其是使得"无产阶级"渐渐地成为一个失真的概念，甚至具有了某种虚假性。在新的技术工业和资本社会形势下，无产阶级的"最后的斗争"迟迟没有到来，似乎已经变得令人起疑。

看起来，马克思之后的尼采也有高明之见。尼采没有使用"无产阶级－资产阶级"概念，而是提出了"末人－超人"这一对新概念。那么，尼采的"末人－超人"可与马克思的"无产阶级－资产阶级"概念相提并论吗？尼采的"末人"或"最后的人类"可与马克思的"无产阶级"概念相提并论吗？或者它更应该与马克思的"资产阶级"概念相比较？我们只好把这个问题放在这里了，只需指出一点：尼采的"末人"或"最后的人"同样也是被技术工业规定的人,用尼采的话来说,是被计算和被规划的人;而如果就"未来性"而言,马克思的"无产阶级"是最具未来性的,就如同尼采的"超人"。"末人"已无可救药,除非自救,除非反身参与到两类科学的斗争之中,成为"艺术-哲人"或"超人"。

什么是"最后的斗争"?这是本文的主旨问题,让我尝试给出一个回答:马克思所设想的"最后的斗争"是阶级斗争,虽然其唯物史观的基本逻辑未变,但沧海桑田,世风日下,在技术统治的"人类世"里,斗争主体和形式恐怕都有了转换和变动;尤其是,"最后的斗争"不再仅仅是阶级冲突,而且——或许更多地——表现为两类"人的科学"即人类技术工程与艺术人文学之间的斗争。

活着是需要确信的,在这样的时代如何重建确信,是与每个人息息相关的问题。

第五章

如何重建人类世的确信？[1]

---

[1] 根据2021年10月24日在南昌大学哲学系主办的现代外国哲学年会上的报告"论人类世的确信"扩充和改写而成；扩充稿又于2021年11月26日在中山大学哲学系（珠海）重做了一次演讲。演讲风格仍予以保留。

本文首先对作为形而上学基本问题的"确信"（Gewissheit）问题做了一种历史性的探讨，区分了存在学/本体论意义上的哲学的"存在确信"与基督教神学的"救恩确信"，认为这两种"确信"样式与传统形而上学的先验－超验结构相合，而近代主体性哲学中建立起来的"自我－存在确信"虽然有启蒙理性的进步意义，但最终产生了虚幻的现代性后果。在此讨论基础上，本文重点处理我们设定的主题，即如何重建人类世的确信？对于这个还不可能有定论的问题，本文从物性、时空、思维、信念等几个方面给出一种仅仅具有指引性意义的解答尝试。

第五章 | 如何重建人类世的确信？

今天我的报告题目是"如何重建人类世的确信？""确信/确定性/确然性"问题是形而上学最基本的问题之一，因为"确信"本来就是自然人类的一个天然的要求，一个基于天性的要求。我们对于外部世界、对于生活都有一个"确信"的要求。在欧洲－西方文化史中，形而上学形成了两种基本的"确信"方式，一是哲学，二是神学，可称之为"存在确信"和"救恩确信"。作为古典存在学/本体论的延续，笛卡儿时期的欧洲近代哲学把"存在确信"转换为"自我－存在确信"，后者构成启蒙理性的基点，但它并没有带来启蒙理性所允诺的福祉，反而招致深度自欺和理性幻觉。20世纪技术工业的加速发展，两次世界大战的普遍非人性化的暴力，摧毁了传统形而上学的两种"确信"模式，传统的"超越性确信方式"已经不再能发挥有效的作用了。今天人们在地质学上和哲学上关于"人类世"概念的讨论还未有定论，它还是一个不确定的概念，这也表明人类文明已经进入一个无确信或者不确定的状态。于是，我认为，未来哲学面临着的一大问题就在于：如何重建人类世的确信？这是我今天报告的主题。我以为它是一个重大课题，自然也不是我能完全讲清楚的。我今天首先试图梳理一下欧洲－西方历史上的"确信"模式，然后来讨论"人类世"的"确信"的重建问题。

第五章 | 如何重建人类世的确信？

确信是自然人类的天性要求

什么是"确信"？"确信"的德语是 Gewissheit，倪梁康译为"确然性"，似乎也有人把它译为"可靠性"。我给出了两种译法，即"确信"和"确定性"，而且我发现在不同的语境里最好采用这两个不同译名。以上这些译法好像都可以成立，这是中西语言转译中经常碰到的问题，就是我们还找不到一个完全对应的词。在今天这个技术时代，尤其是进入互联网虚拟时代以后，我们人类的生活失去了某种稳靠性或可靠性。我上个月给小孩两张百元纸币，他不要，他说谁还用这个呀。纸币这个东西曾经很重要，以前我们经常要数钱，数钱应该是有快感的，现在连这种快感都没

积极生活的理由

了。说我手机里有一百万，谁知道它在哪里呢？所以，由虚拟化导致的无可靠性，在今天人类生活中已成一大难题了。

在现代哲学中，胡塞尔对"确信/确定性"（Gewissheit）的讨论最为细致和复杂。胡塞尔把自然观点中的"确信"分为广义的与狭义的，广义的"确信"="存在信仰"，狭义的"确信"="信仰确信"。与自然观点的"确信"相对，胡塞尔又区分了"纯粹的确信"与"不纯粹的确信""决然的确信"与"经验的确信""内在的确信"与"超越的确信"等。自然观点中的"确信"被认为是"不纯粹的、经验的、超越的确信"。[1] 与胡塞尔拒斥自然的思想态度一样，他显然也要贬低自然观点中的"确信"。但这一点我们能同意吗？好比说，我刚才出来的时候把电脑放在宾馆里了，我这样做其实是有一个假定的，即假定珠海市以及中山大学珠海校区有良好的治安，是安全的。但这个假定当然是经不起反思的，或者按胡塞尔的说法，是未经反思的。这样的"确信"其实是有问题的，是不能成立的，至少对哲学来说是不够的。但要是没有这样的假定式"确信"，我们多半是要累死的，你离开宿舍，就得把书、电脑甚至日常用具都带出来。这可能吗？

---

[1] 参看倪梁康. 胡塞尔现象学概念通释[M]. 北京：生活·读书·新知三联书店，1999：199—200.

第五章 | 如何重建人类世的确信？

何谓"确信"？我理解的"确信"多半还落在胡塞尔所谓自然观点的意义上，即广义的"存在信仰"和狭义的"信仰确信"。下面我们会看到，自然观点意义上的"确信"本来就是形而上学提供的。我们的大部分经验和观念都属于自然观点，比如说时间观念，我拿起手机一看，现在是15点19分，这个是自然状态的时间观念，这种"时钟时间"或"计量时间"是物理学提供给我们的，而从根源上讲是哲学提供给我们的，它现在成了我们的日常自然经验。

确信是自然人类的天性要求，就是人把手伸出去就想抓住什么、把握住什么的要求。尼采有言："人是尚未被确定的动物。"[1] 这话没错，但人又是寻求确信的动物，因为人们确信：具有确信的生活才是有把握的，才是稳靠的，否则我们就麻烦了。尼采说过："痛苦的原因乃这样一种迷信，即相信幸福与真理是联系在一起的（混淆：幸福在于'确信'，在于'信仰'）。"[2] 你必须过有确信的生活，对周边的事物、对周边的人，我们必须假定周边事物是相对稳定的，他人是可以亲近的，尼采说痛苦的原因在于这样一种迷信，即相信幸福与真理是联系在一起的，这是一种混淆，把幸福、真理和确信

---

[1] 尼采. 尼采著作全集：第5卷[M]. 赵千帆, 译. 北京：商务印书馆, 2015：95.
[2] 尼采. 尼采著作全集：第12卷[M]. 孙周兴, 译. 北京：商务印书馆, 2020：373.

混淆起来了。

真相恐怕是：没有确信或者确定性，但人总是——只是——在寻求确信。这大概是我们今天看到的，尤其在后尼采状态下，我们看到了一个真相，这个真相就是：没有确信。尼采是最早看到这个真相的，他写道："一些人依然需要形而上学；但也需要那种狂热的对于确信/确定性的要求，这种要求如今以科学实证主义的方式在广大群众身上爆发出来，就是想要彻底地牢牢掌握某个东西的要求……这也还是对依靠、支撑的要求，简而言之，就是那种虚弱本能……"[1]

尼采这里的说法太妙了：民众对于"确信"的狂热要求"以科学实证主义的方式"爆发出来。尼采说的"科学实证主义"在今天表现为科学乐观主义。我们在技术上多半还处于一知半解状态。与历史上的大流行病（比如西班牙流感、艾滋病等）相比，新冠病毒其实不算毒，但为什么全人类都会如此恐慌呢？原因主要在于新冠病毒的神秘性和变异性，也即它的不确定性，加上全球互联的新媒体即时传播和放大了这种不确定性。人类对于不确定和不可知的东西才会有恐

---

[1] Friedrich Nietzsche, *Die fröhliche Wissenschaft, Sämtliche Werke,* Hsg. von Giorgio Colli u. Mazzino Montinari: kritische Studienausgabe in 15 Einzelbänden, Band 3, Dt. Taschenbuch Verlag/De Gruyter, 1988, S.581-582.

惧感，始于 1980 年的艾滋病已经让 3 000 万人丧命，但现在人们已经不怎么惧怕这种流行病了，因为它的病理已为人类所认知，人类对它已经有了某种确信，也就不害怕了。所以这里涉及我们今天讨论的"确信"问题。尼采认为求"确信"的意志是基于虚弱本能，他这个说法是有道理的。我们今天已经无可奈何，除了技术我们已经无可指望，但技术显然经常令人不安，经常让人无法指望。这是今天人类面临的一大困境。

积极生活的理由

两种确信方式：存在确信与救恩确信

下面我要讨论传统自然人类的两种基本的确信方式。胡塞尔是一位脑子特别清楚的哲学家，他对作为"存在信仰"的广义"确信"与作为"信仰确信"的狭义"确信"的区分是十分有意义的，但我认为这种区分还不够好。为什么不够好？因为他做的这种区分还不够明晰，而且不是广义与狭义的问题，而是两个传统的不同取向问题。就欧洲-西方文化史来说，实际上有两种基本确信方式，即"存在确信"（Seinsgewissheit）与"救恩确信"（Heilsgewissheit），前者是形式-论证性的，而后者是信仰-服从性的。两者对应于古希腊哲学的存在学/本体论传统与希伯来-犹太文化的信仰－神学传统。它们构成自然人类精神表达体系的两个基本要素。

形式－论证性的哲学传统提供了"存在确信"。哲学是干什么的？哲学无非是论证和辩护，要论证我们对外部世界的看法，要为我们自己的所作所为提供辩护。这就是哲学。就此而言，哲学是普遍的，每个人都是哲学家，因为每个人每天都在做论证和辩护，哪怕你不是专门学哲学或做哲学的。哲学是每个人的事情，只是我们哲学系的师生们可能会采取好的或较好的论证和辩护。论证和辩护对于我们的生活有重要的意义，没有论证，你的看法和观点就难以成立；没有辩护，你的行动就还没有充足理由。有时候你想做一件坏事，你为自己行动的辩护是关键，可以说是动力性的，辩护完成了你就敢下手了，辩护没完成你是难以下手的，或者说是不好意思下手的。所以在这个意义上，哲学也有可能是很坏的，因为它帮助我们做坏事。至少应该说，哲学本身不能直接等同于德性。我相信尼采正是因此来反对理论哲学的始作俑者苏格拉底的。

信仰－服从性的基督教提供了"救恩确信"。信仰是绝对的服从，是不需要论证的。基督教是怎么没落的？上帝为何死了？根本原因就在于信仰的论证化或者理论化，特别是到了中世纪后期，基督教神学家（经院哲学家）们不断地用哲学方式去论证上帝存在以及各种神迹，比如追问圣母玛利亚为什么没有肚脐眼，天使到底有没有质量等。这些论证一开始，基督信仰当然就岌岌可危了，上帝当然就濒临死亡了。信仰是不需要论证的，也是经不起论证的。所以各位要想一下，你到底是适合于宗教还是适合于哲学，这是要分清楚的。我有个说法，心思强大的人适合做哲学，心思虚弱的人则适合信教。一个人的心思是有强弱之分的，就像每个人身上血液的流动是有快慢之别的。一个心思强大的人去信教，事情就不好办了。曾经有一个商界朋友来找我，说要信教了，我说：不好啊，你搞反了，你心力这么强的人去信教，对你信的或者你以为信的上帝或神祇不好，对你自己也不好，反正对大家都不太好。

前面说了，"存在确信"和"救恩确信"对应于古希腊哲学的存在学/本体论传统与希伯来－犹太文化的信仰－神学传统。作为两种"确信"模式，这两个传统构成（欧洲）自然人类精神表达体系的基本要素。我这里的表述是"自然人类精神表达体系"，不过要注意的是，现在我们已经不再是纯然的"自然人类"了。表面看起来，今天的我们还是自然人类，但在起源于欧洲的现代技术工业的深度影响下，我们身上的自然性已经大幅下降,而且正在加速下降。种种迹象表明,今天我们人类的"自然性"大概只有前工业时代的一半了。你以为我们还是前工业时代的自然人吗?

上述两种基本的"确信"方式在康德那里被表达为"先验"与"超验"的双重超越性。现在汉语学界有的学者主张把康德的"先验的"(transzendental)一词译为"超越论的",对此我是坚决反对的。[1] 为什么呢?道理很简单,要说"超越论"的话,哲学与神学两种"确信"方式都是"超越论",无论是作为存在学/本体论的先验哲学还是基督教超验神学,两者都是"超越论",这里涉及的是两种"超越"(Transzendenz)方式的区分,"先验的"超越方式是指向一个形式的、普遍的、观念的领域,而"超验的"超越方式是指向一个无时间的、神性的世界,两者都是不变的、非时间性的,都是为了阻断和抵抗线性时间的无限流失。一般而言,所有的哲学都是"先验哲学",当然是一种"超越论",这完全没问题,但怎么把它与神学区分开来呢?神学可是一种更强烈、更名副其实的"超越论"。

两种"确信"方式在历史上是交织在一起的,"真理+

---

[1] 孙周兴. 先验・超验・超越 [M]// 孙周兴. 后哲学的哲学问题. 北京:商务印书馆,2009:20.

上帝"或"真理＝上帝"构成自然人类的至高希望。正如尼采所言："关于最高愿望、最高价值、最高完美性的可靠性程度是如此之大，以至于哲学家们以此为出发点，就如同以一种先天的绝对确定性为出发点：处于最高峰的'上帝'乃是被给定的真理。'与上帝同在''献身于上帝'——此乃几千年之久最幼稚而最令人信服的愿望。"[1]

前面讲的两种确信方式，如果综合起来加以命名，我们可以称之为"超越性确信"。为什么有"超越性确信"？"超越性确信"的起源是什么？其起源在于对线性时间的终极不确定性的恐惧。时间的直线性和同质性是传统线性时间观的基本点。这是自然人类关于变化和流失过程的朴素理解，但无限流失的直线时间之流是让人极度不确信的。于是，自然人类创造了哲学和宗教这样两种"超越性确信"方式。

第一个试图推翻传统线性时间观的人是尼采。在《查拉图斯特拉如是说》一书中，尼采说："时间本身就是一个圆圈。"[2] 这个断言十分坚实，也相当鲁莽。其前提却是他的前一个判断：一切直线都是骗人的。直线是什么？直线是古希腊几何学的第一设定，所谓两点之间线段最短，这是欧几里

---

[1] 尼采.尼采著作全集：第12卷[M].孙周兴，译.北京：商务印书馆，2020：618.

[2] 尼采.尼采著作全集：第4卷[M].孙周兴，译.北京：商务印书馆，2020：248.

得几何学的第一公理,但世上哪里有一条最短的直线?尼采这句话摧毁了传统线性时间观。后来爱因斯坦的相对论证明了尼采的这个想法:时间不是直线,世上也没有直线。

我们说"超越性确信"基于人类对线性时间的终极不确定性的恐惧,在直线的无限流失这样一种时间之流中,实际上我们是特别无奈的、惶惶不可终日的。在技术工业的帮助下,我们现代人的寿命将越来越长,在座的朋友们多数是二十几岁的年轻人,你们估计能活到120—150岁。1900年人类平均寿命还只有三十几岁,现在已经接近80岁,随着生物和医疗技术的进展,寿命再翻一番也是可预期的。技术专家们甚至有更为乐观的预期,有的长生计划已经开始实施。按照比较保守的估计,如果各位将活到120—150岁,那么你们现在不是还处于幼儿班和小学阶段吗?我不是还在青壮年吗?这个时候各位恐怕要有更远大的理想,对生命要有新的设计和规划。人类生活的许多制度性的安排都需要重新考量了,比如职业、家庭、婚姻等。你不可能100年或者120年只从事一个职业吧?也不可能120年只跟同一个人生活吧?另外,在座各位这么小的年纪就来学哲学了,应该是完全正确的选择,因为其他许多行业都会有崩溃和消失的危险,因为其他行业的人们在未来的漫长岁月中会感觉无比无聊，但我们学哲学和做哲学的人却不会感觉无聊，我们总有事可做，或者更准确地说，我们总能创造出可做的事。这事且不说，我要说的是，哪怕活到150岁，自然人类也总是要死的，所以从线性时间观角度看，生命最后的时间性流失就是死亡和虚无，死亡是自然人类的终极可能性。

为什么要有哲学？为什么要有宗教？西方意义上的哲学为人类消除线性时间提供了一个方向，就是要追求一个无时间的不变的领域，即普遍的形式领域，所以哲学的主体是普遍主义或者说本质主义的。尼采最早把欧洲哲学叫作"柏拉图主义"，因为柏拉图一上来就说，只有共相－本质－普遍性是不变的，个体、殊相都是会变化的，要消失的，所以并不能成为知识/科学的目标，当然也不能成为人的理想追求。而宗教的教诲是：你要好好做人，做个好人，你死了以后就可以升到另一个无时间的不变的世界里，就可以到彼岸极乐世界去了。尼采的凶猛之处在于，他直言这两种"超越性"方式都是骗人骗己的，都是自然人类的"自欺"。这时候他高呼："上帝死了！"

看清真相的当然不只是尼采，在尼采之前还有马克思。马克思已经洞察到传统形而上学的"超越性确信"的丧失。在《共产党宣言》里，马克思有一句著名的话："一切等级

第五章 | 如何重建人类世的确信？

的和固定的东西都烟消云散了，一切神圣的东西都被亵渎了。"[1]这话可不是随便乱说的，没有豪迈的革命勇气和彻底的解构精神是不可能说出这样的话的。联系到我们讲的两种"超越性确信"，各位就都能懂马克思的意思了，他在这里所说的正是传统哲学和宗教的崩溃，所以这无疑是一个虚无主义的断言。传统自然人类通过哲学和宗教确立了两种确信方式，建立了一个价值体系，但这个价值体系现在已经崩溃了。尼采后来径直把它表达为"上帝死了"。

传统"超越性确信"及其价值体系为什么会崩溃呢？是因为始于18世纪后半叶的技术工业。在马克思写作《共产党宣言》时，技术工业才开展了80年左右，还没到一个世纪，当时只是初级阶段的大机器生产，但马克思已经以先知之眼看到了它的后果和效应，预感到了自然人类文明的衰落和一个新文明的到来。

尼采自称为"虚无主义者"，没觉得有什么不好意思的。尼采认为，一旦我们摆脱了传统哲学和宗教的双重"超越性确信"，一旦我们否定了哲学和宗教加于我们的双重"自欺"，那么我们就必定成为"虚无主义者"。所以尼采意义上

---

[1] 马克思, 恩格斯. 共产党宣言 [M]// 马克思, 恩格斯. 马克思恩格斯选集: 第1卷. 北京: 人民出版社, 2012: 403—404.

的"虚无主义者"要给出双重否定,既要否定哲学的本质世界,普遍主义的世界,又要否定宗教的信仰世界,神性的理想世界。简言之,既没有先验的存在世界,也没有超验的神性世界,这是尼采对传统"超越性确信"的双重否定。我们这里干脆可以给出一个等式:虚无主义=传统"确信"方式的失效=自然人类精神表达体系的崩溃。

尼采的虚无主义断言最终由20世纪的技术工业及其效应确证,特别是20世纪上半叶的两次世界大战的血腥给出了完全的证明。1945年美国在日本投下人类历史上第一枚原子弹所导致的极端暴力,是自然人类从未经历,也根本无法想象和理解的,它标志着一个"绝对虚无主义"时代的到来。现在我们可以进一步说:一个技术统治的时代到来了,传统哲学和宗教的"超越性确信"丧失了。

第五章 | 如何重建人类世的确信？

自我－存在确信招致深度自欺和理性幻觉

我们还必须回到近代哲学。如我们所知，从古典哲学向近代哲学的转变也意味着哲学的重心转移了，于是"存在确信"取得了一个新形态，我们可以称之为"自我－存在确信"。由近代哲学建立起来的"自我－存在确信"，为人类做了一个许诺，即通过启蒙理性，通过自由、平等、博爱这些资产阶级的基本信条，人类将进入一个美好的理性世界，一个光明幸福的文明世界。

最近我有一个主张：欧洲启蒙运动实际上在第二次工业革命时期，即"电气时代"，就得到完成了。"电气时代"最重要的发明是电灯和电话，人类进入了一个电光和电声的世界。自然界两大现象——光和声——被技术化（电气化）了，这个转变的深远影响和重大意义尚未得到充分评估。拿光来说，自然人类文明原本是一个火光（自然光）的世界，但现在电光被发明出来以后，启蒙就完成了——"启蒙"的意思不就是"带来光明"吗？有了电灯之后，这世界充满了光明，人类终于"消灭"了黑暗，后果是：黑夜变得越来越短了，人类的睡眠时间越来越短了，人类对黑暗事物的感知能力越来越差了，人类成了"光明动物"。所以这里面有一个根本性的变化。

尼采看到了古典哲学向近代哲学的转型的实质意义，他有一段话说："在判断中包含着我们最古老的信仰，在一切判断中都有一种持以为真或者持以为不真，一种断定或者否定，一种对某物如此存在而非别样存在的确信，一种信仰，相信在这里真的已经'认识'了——在一切判断中什么被信以为真的呢？"[1] 尼采说的"最古老的信仰"首先是一个存在学/本体论的假定，即思维与存在是同一的，或者说思维形式与语言形式是同一的。没有同一性，哲学无法开始。哲学的开端性假设是思维与存在的同一性。当时在亚里士多德那

---

[1] 尼采. 尼采著作全集：第 12 卷 [M]. 孙周兴, 译. 北京：商务印书馆, 2020：121.

里就出现了一个问题，即我们如何可能去描述一个个体。我们脱口而出，说某某中等身材，于某年某月某日坐在教室里讲课，我们似乎不假思索就可以描述某个个体，或者周围世界中的任何一个事物，但这样的描述是如何成为可能的？如果没有语言和思维形式，即亚里士多德讲的"范畴"，如果没有思维与存在的同一性假定，怎么可能有这样的描述？所以这个假定很重要，就是存在形式与思维或语言形式的同一性假定，这是尼采说的"最古老的信仰"。

这个"最古老的信仰"后来有了一个现代版，也即一个知识学的或知识论的假定，就是笛卡儿说的"自我－存在确信"以及等式：veritas（真理）= certitudo（确信）。从笛卡儿到康德，建立了自我主体与被表象性－对象性存在的主体形而上学结构。如果说古典存在学／本体论还有模仿论——艺术－神话——的遗留，从而把思维／语言与存在的同构关系的重心放在物－存在一方，那么在现代哲学中重心已经变了，当康德把物的存在规定为被表象性即对象性时，重心已经落在自我－主体一边了。我这番话有一点拗口，但我们只需要明白一点：无论是古典哲学还是古代艺术理论都强调"模仿"（mimesis），所以重心都落在自然上，落在外部世界上；以我的说法，古典哲学的一个基本假定在于物之自在，物是不依赖于我们的；但到了近代，事情就完全不一样了，康德直接说自在之物是不可知的，物是为我的，物永远是对我而言的。这是物之经验的一大变化。

我们知道，尼采第一个把形而上学规定为"柏拉图主义"，他同时也开启了主体性形而上学的批判。在他看来，"主体：这是表示我们对一种统一性的信仰的术语，即在最高的实在感的所有不同要素中间的统一性；我们把这种信仰理解为一种原因的结果——我们相信我们的信仰到了这样的地步，以至于为了这种信仰的缘故，我们竟虚构了'真理''现实性''实体性'"[1]。可以看到，特别是在《查拉图斯特拉如是说》之后，在所谓《权力意志》时期，尼采实际上做了很多概念谱系学意义上的严格哲学批判。尼采并不像我们通常所了解的那样，是一个胡乱抒情、毫无章法的哲学家。

虽然正如尼采所说，笛卡儿对"一种不可动摇的确信"的寻求，即一种"求真理的意志"是权力意志的一个形式，传达了"我不愿被欺骗""我愿确信自己并且是坚定的"这样一种意愿，但现代哲学批判和文明危机都已经表明，"自我-存在确信"并非妙招，它招致深度自欺和理性幻觉。

---

[1] 尼采.尼采著作全集：第12卷[M].孙周兴，译.北京：商务印书馆，2020：528—529.

第五章 | 如何重建人类世的确信？

人类世概念表明文明进入不确定状态

现在我讲讲"人类世"（Anthropocene）的概念。我在多处反复讲过，这里还不得不再来重复讲一次。按照我的表述，"人类世"概念意指：技术统治的地球新世代到了。作为一个地质学概念，"人类世"指的是地球新生代第四纪——"人类纪"（Anthropogene）——全新世（Holocene）之后的一个新世代。现在发生了一个惊人的事件，就是人类已经真正成了"地球的主人"，人类在地球上的所作所为足以影响地球的存在了，才延续1万多年的全新世结束了，地球进入"人类世"。

这是地质学家的研究结论，所依据的是地层证据，即自

积极生活的理由

工业革命以后主要由物理工业和化学工业所制造的产品（工业产品）在地层留下的沉积痕迹。这些地层证据十分明显，这里只挑着说几项特别容易理解的。比如混凝土、塑料、铝等人造制品，已经覆盖地表，当然也在地层里沉积下来了，我们光说人类造的混凝土，已经可以在地球表面每个平方米放一吨——在这方面，最近二三十年我们中国人做了最大的贡献，在短时间内造了海量的房屋，以至于我们今后的任务恐怕不再是建造，而倒是拆解。二氧化碳排放在地层上也有隐患，在今天已经成为全球性难题。与此相关，现在大家最担忧地球气温上升，工业化开始以后每十年上升 0.17 摄氏度，听起来好像不算多，但可怕的是再进一步上升可能引发的多米诺骨牌效应。种种迹象表明全球变暖正进入加速状态。近年来报道北极格陵兰岛因气温上升而致冰原大面积融化。如果北极和南极冰层加速融化，地球海平面上升，后果不堪设想。[1]

人类世同时也是个哲学概念，一些当代哲学家采纳和启用了"人类世"概念，比如在 2020 年自杀的法国哲学家斯蒂格勒，可能他已经对这个"增熵"的"人类世"绝望了。

1　较详细的讨论可参看孙周兴.人类世的哲学[M].北京：商务印书馆，2020：97.

那么，在哲学上，"人类世"到底意味着什么？我这里愿意提出几点来讨论。首先，"人类世"是一个技术统治的时代，意味着从自然生活世界到技术生活世界的转变。地球进入一个新的时期，人类文明进入新的状态。这个文明是有一个基本逻辑的。第二次世界大战可能是自然人类最后一次通过技术工业展开的全球规模的自相残杀，以后的人类恐怕不会这样打仗了，也经不起这等规模的战争了。

其次，在"人类世"意义上，我们需要重解海德格尔的存在史及其转向。我先直接给出两个等式：第一转向 = "轴心时代"；另一转向 = "人类世"。海德格尔说存在史或一般而言的文明史有两个"转向"，第一个转向是轴心时代的建立，即从早期神话和文艺到哲学 – 科学时代的转变，这是一个巨大的转向，在古希腊大概是在公元前 5 世纪—公元前 4 世纪完成了文艺向哲学的转变。海德格尔说的存在历史的"另一转向"是什么呢？我一直没有把它说清楚。我现在可以把"另一转向"即"第二转向"表达为"人类世"，就是自然人类文明向技术人类文明的转向。这一点我们现在已经可以确认了，今天人类正处在这样一个"转向"中。其实海德格尔对我们今天的技术文明也是无感的，也不可能有感，但他却在想这些问题了。海德格尔死于 1976 年，他那个时代只有电视，电脑和互联网还没有出现。他家里还没有电视机，自己又喜欢看足球，只好到邻居家看。他哪里知道什么互联网、人工智能、基因工程之类。马克思、尼采、海德格尔这样的哲人确实都具有"先知之眼"。马克思主要还处于蒸汽机时代，但他却预言了人类文明的总体进程。他为什么同情无产阶级？因为当时的下层无产者实在太苦了。尼采关于"超人"和"末人"的表述也是令人惊奇，今天我们都是尼采意义上的"末人"或"最后的人"了。

"第二转向"或"另一转向"是什么？我们要想想清楚。迄今为止，人类世还是一个不确定的命名，在地质学上和哲学上尚未得到普遍的接受。地质学上提供的证据是充分的，但为什么它尚未被确认？这很复杂，但我认为至少有一个原因是：实在于心不忍。我们还不好意思，我们无法想象地球史的某个阶段是以万年计的。如果我们确认了"人类世"，那么之前的"全新世"将是地球史上最短的一个"世"——要知道地质学通常是用几千万年、上亿年来计时的，一万多年是可以忽略不计的。这样，我们大概就承认今天已经到了地球史的末段了。命名的不确定不是毫无意味的，不确定的"人类世"概念表明文明进入不确定状态了，或者说，文明的无确信状态本来就是"人类世"的基本标志。

第五章 | 如何重建人类世的确信？

如何重建人类世的确信？

最后一个问题最麻烦，其实是我今天报告的重点所在，就是：如何重建人类世的确信？前面说了，"人类世"是一个无确信时代，我们通常以"多元""相对""无意义""怀疑""虚无"等来表达这种"无确信状态"或"不确定性"。在两种基本"确信"方式即哲学和宗教失效后，"无确信"成为常态。这种常态好不好呢？尼采说得很清楚，上帝死了，我们每个人都自由了，我们光着屁股在沙滩上跑，但不知道往哪里跑。上帝死了就没有管制力了，每个人都是自由的。马克思也没有消极地评估他的时代状态。马克思说，技术工业为人类提供了最大的可交往性或者自由度，使人类进入"普遍交往"中，这是技术工业产生前的自然人类做不到的。虽然现在来看，马克思那时候还没有真正实现"普遍交往"，但马克思这个断言无疑是有先见之明的。原则上今天我可以跟任何人交往，有一个说法是，你只需要通过七个人就可以联系到世上任何一个人了。仅仅在这个意义上，可以认为今天的中国人已经处于中国历史上最自由的状态。什么叫自由？自由首先意味着交往和表达的可能性。当然限制是免不了的，但现代技术为我们提供的交往和表达的可能性却是前所未有的。与其他许多宏大概念一样，自由和民主之类的概念也被用滥了，后果是这些概念已经失去了生动的意义和原本的指引力。自由和民主是以技术工业为背景的，现代民主制度根本上是一种商讨的机制，它同样是马克思所说的由技术工业促成的"普遍交往"所要求的。不过这只是事情的一个方面，另一方面，今天的新技术给人类带来了一个巨大的监控系统，我们每个人都被严密监控起来了，每个人都已经成为一个数据、一串数字。人类现在已经进入一个个"数字集中营"之中。可见技术是两面的，技术让人自由，也把人监控起来，巨大的自由与严密的监控并存，这就是我们今天文明的状态，一个无确信的状态。

然而，我们依然在寻求"确信"，我们依然需要"确

第五章 | 如何重建人类世的确信？

信",这犹如一种"宿命"。正如维特根斯坦所言:"倘若你想怀疑一切,那么你也就不会达到怀疑。怀疑游戏本身已经预设了确信。"[1]维特根斯坦这里说的是怀疑论和相对主义的一般困境:我们不可能怀疑一切,怀疑游戏本身就是以"确信"为前提的,你逃脱不了的。换言之,我们现在的无确信状态无法否定确信的要求,就如同怀疑本身需要一种确信那样。于是我们还得追问:如何重建人类世的"确信"?

兹事体大,我不可能端出全盘的方案,而只能提出几个可关注的要点,它们与我们每个人的生活相关,因此是每个人都要关心的,而哲学更要关注这些问题。

1. 物性——技术物的降解和虚拟物的适应。物性问题很麻烦,因为在技术工业的改造下,生活世界的物性已经彻底变了。在中国,大概在40年前,周围世界的物主要还是手工物和自然物。到今天,情况就不一样了,我们这个会议室里已经没有任何手工的东西了,我们看到和摸到的全都是技术物。手工物时代已经远去了,而且请放心,不会再回来了,技术物占据了生活世界的统治地位。物性变化是世界的根本性变化。我们面临的第一道难题,我想表达为:技术物

---

[1] Ludwig Wittgenstein, *Über Gewissheit,* 115, Werkausgabe Band 8, Suhrkamp Verlag,1984, S.144.

如何降解？"降解"是一个化学概念，指有机化合物分子中的碳原子数目减少，分子量降低；但也有人认为降解物最终要被分解成二氧化碳和水，才能叫降解。比如塑料降解是指高分子聚合物达到生命周期的终结，历经几十年、上百年变成对环境无害的二氧化碳和水，回归自然循环。一般来说，塑料和尼龙袋埋到土里，要70年后才能成为泥土，完成降解。在此降解过程中，它不断排出环境激素。这是化学降解。但一般地，我也想说技术物的降解，类似于海德格尔所说的"对于物的泰然任之"，即让技术对象回归生活世界。这是技术物给自然人类带来的一个问题。

还有一个相关的难题是：如何来对付这个普遍抽象的技术物的世界？自然人类对事物的感知是通过差异化区分来完成的，如果你面对的事物都是完全一样的，是同一同质的，你怎么来形成你的感知呢？当你无法把一个事物与其他事物区分开来时，你的经验就会空转，这就是说，你的经验也被抽象化了。如今又进一步产生了一个极端情形，就是在技术物中增加了一个数字物（数据物），我也许可以称之为"虚拟物"。现在我们的大部分时间被若有若无的"虚拟物"占有了，我们怎么来适应虚拟物？所以不但有技术物的降解问题，还有虚拟物的适应问题。有时候我们很难适应，比如虚拟货币就一直让我看不懂，我五六年前第一次知道比特币，那时才五六千人民币一个，现在是六七万美元一个。农民出身的我对于虚拟的东西还是胆怯的，还无法适应。

自然生活世界需要意义载体，把我们的意义给承载下来。自然生活世界的意义载体是词与物。文学和音乐都是承载意义的词，物（自然物和手工物）特别是广义的器物，是另一个意义的载体。没有词与物，自然人类的生活世界是组建不起来的。但在今天，词与物都溃败了。好多声音消失了，大部分地方性的语言湮没了，手工物退隐了，自然物萎缩了。今天的生活世界是技术统治的世界，其中占据主导地位的是抽象的技术物。词与物溃败以后，何以承载意义？技术物能承载意义吗？人类面临如何面对抽象和虚拟世界的难题，因为我们身上还留存着自然人类的习性，也许意义和意义载体问题的提出就是这种习性的表现。

2. 时空——从线性时间到圆性时间，从虚空空间到实性空间。[1] 我们知道，时空问题一直是一个哲学和科学难题。时空经验是生活世界经验的主体，也是其他经验的基本尺度。所以在自然人类生活世界向技术人类生活世界的转换过

---

[1] 专题讨论可参看孙周兴.人类世的哲学[M].北京：商务印书馆，2020：189.

程中，时空问题成了一个关键问题。在此转换过程中，马克思是第一个开始探讨新时空经验的，他说"时间实际上是人的积极存在，它不仅是人的生命的尺度，而且是人的发展的空间"[1]"空间是一切生产和一切人类活动的要素"[2]。马克思关于时空的洞见是十分深刻的，他看到了一种与物理-技术的时空观完全异质的新时空经验的可能性。传统线性时间观和虚空空间观是自然人类精神表达和价值构成体系的基础，而今天在技术生活世界里，我们需要另一种时空经验，我们需要另一种时空观来支撑、编织我们的生活世界的基本经验，来衡量我们的生活世界的基本经验。

我们前面已经讲了现代哲学家特别是尼采对传统线性时间观的批判。尼采的逻辑似乎很简单：世上本无直线，故不可能有线性时间的永恒流失。星移斗转，昼夜交替，我们以各式时钟计时，此为线性时间，是"物的时间"，但后来的相对论物理学也已经证明："物的时间"也不是牛顿式的绝对时间，更不消说"事的时间"了。空间亦然。什么叫空间？我刚刚进门后马上会完成长宽高的三维空间测量，我们

---

[1] 马克思, 恩格斯. 马克思恩格斯全集：第37卷[M]. 北京：人民出版社, 2019：161.

[2] 马克思. 资本论：第3卷[M]. 北京：人民出版社, 2004：875.

已经习惯于这种物理－技术的空间观。但只有这样的技术空间概念和空间经验吗？今天各位跟我很友好，我觉得这个空间和场域十分温暖，我也讲得很愉快；万一在座有一位精神病人或者不怀好意者虎视眈眈地盯着我，我今天的报告肯定讲不好了。这种空间关系十分具体，是不可测量的，亚里士多德说空间是包围着每个物体的边界，每个物体都有自己的空间，可见在他那里还没有形成后世那种抽象的空间观念。我以为，这种具体的位置空间，正是后期海德格尔所思的"艺术空间"。

技术工业的进展使人类突破了传统的线性时间观和虚空空间观，也即物理技术的时空观念。可以想见，技术人类生活世界将生成更为多样的非技术－物理的时空经验，包括艺术的、日常生活的以及其他的时空经验。唯如此，方有未来的艺术和哲学，否则的话，如果沉没于技术－物理的时空计算中，那就不会有艺术和哲学的地盘。

3. 思维——从超越性思维到关联性思维。这又是一个巨大的转变，其意义尚未完全确认。如前所述，传统的两种"超越性确信"方式即"存在确信"和"救恩确信"基于线性时间观以及相关的超越性思维。为什么在 20 世纪的哲学中，现象学才具有真正的开创性的贡献？因为现象学启动了一种新的思维方式。现在我们已经清晰地看到,现象学的重要意义之一在于,它在西方传统中首先启动了"关联性思维",呼应了技术工业带来的普遍可交往性和互联世界。以前的西方形而上学,无论是哲学还是宗教,都是"超越性思维"。但今天这个被技术工业改造和规定的世界是一个普遍交往的世界,一个关联世界。在这个互联世界实质性开启之前,现象学已经实现了思想方式的转型。那么,我们可以设想一种与之相应的"关联性确信"吗?对此话题,我们今天只能存而不论了。

4.信念——重建有关生活世界的基本信念。在后神学-后哲学的技术生活世界里,我们有必要区分"信仰"与"信念",降低对"信"——"确信"——的期望。胡塞尔堪称"最后的哲学家",他试图恢复一个从古希腊开始的哲学传统和知识理想,重振哲学的"存在确信"。这当然只可能是一个梦想了。胡塞尔有意思的地方不在这里。胡塞尔首先打通了感性世界与超感性世界的分隔,揭示出它们的关联性,认为感性世界就是一个生动的富有意义的世界。但胡塞尔又心怀旧梦,试图回归先验哲学的绝对性。今天和未来的哲学恐怕要恢复日常生活的稳靠性(安全)假定,即被胡塞尔放弃的自然思想态度的"意见"和"信念",诸如事物的相对恒定性、他人的可接近性、虚拟关系和虚拟实存的实在性等。

5. 方法——自然与技术的二重性。方法问题同样十分麻烦，既涉及思维，也关乎姿态。在可预计的未来，所谓"人类世"将是自然与技术二重化的世代。海德格尔意义上的"二重性"（Zwiefalt）或可助力，为我们提供一种差异化思想策略。所谓"二重性"不是二元思维，也不能简单地等同于对立统一的辩证法，而是多元差异化的运动。差异化运动意义上的"二重性"意味着我们要承认这世界和这现实的碎片化和多元化，肯定多元性、相对性，容忍张力和冲突，而不是以同一性思维方式敉平一切异质性。

如何重建人类世的确信？此事小心为妙，因为弄不好，我们就会重蹈覆辙。首先要警惕复古旧梦，传统人文科学的尚古习性看起来是无害的，其实会让人分裂，失去本有的未来责任。可以看到，传统的人文科学越来越空心化，无力对现实产生有效的反应，根本原因当然是技术工业导致的自然人类文明的衰落。但我以为也有人文学者们自身的原因，因为当今大部分人文学者依然偏执于传统，越来越成为对当下社会来说多余的人物。人们总是在做梦，总是贬低现实，同时虚构一个美好的过去，总是认为古代世界比今天好，人类现在的任务是恢复古代的美好。一些学者甚至主张要回归先秦生活，恢复古人的生活方式，慢慢就变得不合时宜了。做着这样不着调的复古梦的遗老遗少，当然是与当代现实格格不入的，当然是不为社会所需要的。其中还有陷阱和骗局，一些人一面提倡复古，一面享受着现代文明的各种舒适。你真让他回到古代生活，他多半是不干的。我以为，人文科学的当务之急是改弦易辙，接受挑战，直面这个技术生活世界，弄清楚这个世界到底发生了什么。作为自然人类，我们如何在新世界里重组我们的生活和我们的经验？这才是正当的和积极的姿态。

另外，我们也要防止激进技术主义以及人文科学虚无论，重振人文科学的当代势力。我所谓激进的技术主义包括技术乐观主义和技术悲观主义，两者都过于偏执和极端；人文科学虚无论显然与激进技术主义特别是技术乐观主义相关，可以说是后者的后果，这种虚无论完全置自然人类的价值和尊严于不顾，也是十分贫弱和有害的。在技术工业的宰治下，人文科学——或者如我所说的"艺术人文学"——虽然随着人类自然性的下降而势必不断没落，但并非毫无生机，更不可能无所作为，而毋宁说，它完全可能绝处逢生和绝地反弹。尤其在"人类技术工程"（人工智能和基因工程）正在咄咄逼人地加速挤压自然人类，有可能使自然人类面临灭顶灾难之际,艺术人文学将不得不担当抵抗重任,进入斗争前沿。虽然很可能败局已定,但抵抗依然是必要的,必须摆出一个抵抗的姿态——这恐怕就是未来艺术和未来哲学的基本意义。

虚拟时代加剧了人生必然的虚无感，而尼采哲学提示我们，虚无并不是消极生活的理由，而是恰恰相反。

第六章

虚无是否定生命的理由吗？[1]

——尼采与新生命哲学的开端

---

[1] 系作者2022年3月11日晚在上海陆家嘴读书会的线上报告，题为"虚无不是消极生活的理由——《尼采四书》推介会"，根据录音整理成稿。收入本书时有较大改动和扩展。

虚无／虚无主义问题是尼采哲学的核心命题。人必有一死，终归虚无，则我们何以承受人生？有生之年苦多乐少，日常行动不断重复而无聊不堪，则生命的意义究竟何在？前期尼采之所以重视古希腊悲剧，是因为在他看来，悲剧具有一种直面虚无的英武力量；而后期尼采之所以要以"权力意志"和"永恒轮回"为核心创构一种新形而上学，是为了确证生命本体自我提升和扩张的本质，为面临虚无深渊的个体实存探索一条力求摆脱传统线性时间观、基于差异化复返的创造性实现之道。尼采一反通常关于虚无主义的理解和感受，提出了一种以"积极的虚无主义"为基本特征的新生命哲学。从尼采哲学中，我们可以推出一种值得称道和采取的当代生活姿态：虚无原是生命的真相，但它不是消极生活的理由，更不是否定生命的理由，而是恰恰相反。

第六章 | 虚无是否定生命的理由吗？

今天讲座的主题叫"虚无不是消极生活的理由"，主要是从哲学家尼采出发做的思考。虚无其实与我们每个人息息相关，我们时刻都面临虚无，都会产生虚无感。在电子－信息时代里，这种虚无感日益增强，比如此刻我在线上报告，就生出了一种莫名的虚无感。其实今天本来是线下的报告，海报都发布出去了，因为疫情改为线上了，于是在接下来的一个半小时里，我将面对自己的电脑屏幕，发神经一样地跟我看不见的几百上千名据说同样在屏幕前的朋友讲话，十分荒谬。我非常不喜欢线上报告，根本原因就是这种虚无感。

刺激尼采进入虚无之思的主要因素是生活的重复和生命的有限。看起来千篇一律、毫无新意的人生此在的意义何在？生活难道不就像叔本华所说的不断重复的钟摆吗？与此不无关系的问题是生命的有限性。肉身生命是速朽的、有限的，终归虚无，那么我们何以承担生命的有限性？死亡或有限性问题是人生终极问题，德语中特别用"终有一死者"（die

Sterblichen)来特指人,绝非偶然。

所以,尼采的虚无之思具有生命哲学的出发点和动因,虽然我们也知道,他的虚无主义命题具有形而上学批判的意义。这里值得一提的是,尼采谈论的虚无主义与当下中国语境里所说的"历史虚无主义"不一样,并不只是一种消极和否定的历史观点,而是指一种哲学批判和文明诊断,也是指一种人生态度。而无论是作为一种哲学批判(解构)还是作为一种人生姿态,虚无主义都未必是消极的。

我今天的报告将从四个方面展开。第一,简介尼采其人其书,特别是他的两位精神导师,即叔本华和瓦格纳;第二,尼采与作为哲学主题的虚无;第三,虚无主义何以是必然的;第四,虚无不是消极生活的理由。通过这几个方面的陈述,我试图表明:虚无是生命的真相,却不是我们否定生命、消极生活的理由,而是恰恰相反。同时我也试图揭示:尼采哲学构成了新生命哲学的开端。

第六章 | 虚无是否定生命的理由？

尼采：叔本华 + 瓦格纳

我相信今天的听众朋友中有一些尼采专家，大部分是尼采读者，不过可能也有一些朋友没读过尼采，不了解尼采，所以我有必要先简单介绍一下尼采其人其书。尼采出生于1844年，于1900年世纪之交去世。在尼采去世前11年，也就是1889年，他已经精神崩溃了。经常有人说尼采自杀了，但实际上没有，而是疯掉了。尼采为什么会发疯？这多半还是一个无解的谜，有人说是生理原因，有人说是心理原因。无论如何，作为一个思想家，尼采在1889年之后已经失去了正常思维，可以说提前死亡了。尼采最后死在魏玛。

尼采出生之时即19世纪中叶，是一个十分重要的时间节点。1844年刚好是马克思主义哲学的起点,他在这一年写了《1844年经济学哲学手稿》,并于1848年出版了《共产党宣言》。稍后瓦格纳发动了艺术革命,出版了《未来艺术作品》(1850年)等;然后才有尼采《悲剧的诞生》(1872年)。从1760年英国工业革命开始到19世纪中叶还不到100年,此间技术工业已经改变了人类生活世界,而随着欧洲向国外的殖民扩张,技术工业开始向全球蔓延,世界格局大变。尼采的家与国的境况也是高度复杂,这里暂且不论。

我们可以用三个"最"来形容尼采。

首先,尼采是德国最天才和最反动的哲学家。尼采的天才是众所周知的,他26岁就被巴塞尔大学聘为教授,开始撰写《悲剧的诞生》。他也是最反动的,因为他对欧洲传统哲学文化进行了彻底的、颠覆性的批判。可以说尼采是20世纪哲学文化的开创者,他颠覆了传统文化,开创了一个新的哲学形态。

其次,尼采是对现代中国文化影响最大的哲学家。在中国的两次启蒙运动中,尼采影响巨大。如果说马克思对现代中国社会、政治、经济产生了最重要的影响,那么尼采对现代中国文化的影响力是无人能及的。在1919—1921年的"新文化运动"中,许多知识分子根本没有读过尼采的著作,但却已经把尼采奉为偶像。他们到处谈论尼采，甚至写了几十篇文章来讨论尼采，（真不知道他们是怎么写的！）可以说尼采是新文化运动的一个标志。尼采作为反叛的象征，被当时中国的知识分子们当作一个工具，用于反对传统、赞扬生命、歌颂自由。在20世纪80年代的思想解放运动中，尼采、弗洛伊德、萨特等成为这场运动的重要思想资源，尼采形象虽然有所变化，但依然是被当作一个工具来使用的。

最后，尼采是被自觉阅读最多的世界哲学家。我没有具体的统计数据，所以这个判断未必是正确的。但至少在中国，我们可以确认，尼采是作品被翻译和阅读最多的哲学家，他的《查拉图斯特拉如是说》目前应该有二十几个不同的汉译本；中文世界现在正在同时翻译和出版三套不同的《尼采全集》。

接下来，我想简单介绍一下尼采的著作。我编译了《尼采四书》，精选尼采的四本代表作。第一本是《悲剧的诞生》（1872年），这书虽然只有十来万字，但意义重大。如果没读懂这本书，我们就很难真正理解现代美学和现代主义艺术。第二本是《快乐的科学》（1882年），书名就令人愉悦，它是尼采中期的代表作，无论是在思想内容上还是在表达方式上都有重要突破，开始酝酿后期哲学的基本思想，形成艺术与科学的"双脑说",并且真正开创了一种新的哲学表达方式,即格言/箴言式写作。第三本书是《查拉图斯特拉如是说》,它应该是尼采最著名的代表作了,也是中文世界被翻译得最多的尼采作品,一般译成二十五六万字,我的译本最厚实,约有四十万字。第四本是《权力意志》,这是尼采没写出来的"哲学大书",是他生命最后几年的残篇遗稿,分上下卷,约有一百万字,我做了一个精选本,约四十万字。

接着来说说尼采的两位导师,一是著名哲学家叔本华,二是大音乐家瓦格纳。叔本华的悲观主义哲学对尼采影响极大。叔本华从意志本体论出发对生命做了一种悲观主义的解释。他认为世界的本质是意志,意志的本质是欲望,欲望是我们生存的根本动力。我们每个人都有欲望,我们因匮乏而有所求,但求之不得必致痛苦,求而得之却会让我们陷入无聊状态。因此,叔本华认为,人生就是痛苦和无聊之间的一个钟摆。只要我们还生活在意志支配下,只要我们还充满欲望,就不可能获得真正的幸福。要想摆脱痛苦,就必须否定意志,放弃欲望。叔本华指出了两条解脱之道。第一,通过艺术获得短暂的解脱。艺术的作用是让创作者和欣赏者"自失"(sich verlieren),即让人忘记了自己的个体性存在,忘记了自己的意志。第二,通过"禁欲"达到永乐的解脱,比

第六章 | 虚无是否定生命的理由？

如说压制性欲和食欲等。叔本华认为只有死亡才能获得永远的解脱，但自杀却违反了生命的本质，所以他认为通过少吃东西把自己慢慢饿死是最好的法子。叔本华由此得出了一个"虚无"的结论："在彻底取消意志之后所剩下来的，对于那些通身还是意志的人当然就是无。不过反过来看，对于那些意志已倒戈而否定了自己的人，则我们这个如此非常真实的世界，包括所有的恒星和银河系在内，也就是——无。"[1] 需要注意的是，叔本华的《作为意志和表象的世界》出版于1819年，还在技术工业和资本主义发展的初期，人们的欲望膨胀，但叔本华已经开始了反思。

另一位导师瓦格纳大概是欧洲历史上最成功的艺术家，他有自己的歌剧院，自1876年开始在德国拜罗伊特举办音乐节，又称"瓦格纳音乐节"，这一传统至今依然存在。瓦格纳是一个无政府主义者，他的极端自由主义思想来源于巴枯宁的无政府主义。瓦格纳的艺术理想可以概括为三点：革命性、神话性、总体性。瓦格纳不仅是政治革命的参与者，也是艺术革命的发动者，他说："我希望打破权势、法律和财富的桎梏。人类唯一的主人只能是自己的意志，唯一的法

1　叔本华. 作为意志和表象的世界 [M]. 石冲白，译. 北京：商务印书馆，1986：564.

律就是自己的欲望。自由和独立是神圣不可侵犯的，一切事物都不能凌驾于自由和独立之上。"[1]在艺术上，瓦格纳对日耳曼远古神话进行了重建，他认为我们这个世界出问题了，变得越来越有规则，越来越讲理性，所以必须恢复神话。艺术的使命在于重建神话。他的这个艺术神话理想也启发了尼采，尼采才会写《悲剧的诞生》。瓦格纳还提出了以"总体艺术作品"概念为核心的当代艺术理想，认为各艺术样式之间是没有边界的，伟大的艺术必定是一个综合体。

可以说，尼采的"积极的虚无主义"在很大程度上是叔本华和瓦格纳的复合，叔本华为尼采提供了"虚无主义"，而瓦格纳使尼采成为"积极的虚无主义者"。

---

[1] 汉斯·约阿希姆·鲍尔.瓦格纳家族[M].一人，陈巍，译.广州：花城出版社，2008：40.

第六章 | 虚无是否定生命的理由？

虚无作为哲学主题

虚无是哲学的一个基本问题，它至少可以包含三个意义方向。第一是本体论/存在学上的虚无，即传统意义上的"不存在"或"非存在"；第二是实存论/生存论意义上的虚无，即个体生命的死亡、终结；第三是道德论意义上的虚无，即荒谬。"虚无"作为尼采哲学的主题，在上述三个意义方向上均有表现，而且在前后期哲学中有着不同的追问重点。

尼采前期哲学追问的重点在于有限生命的意义。在《悲剧的诞生》第三节中他讲述了昔勒尼的故事，我多处引述过这个极具哲学意义的神话故事。尼采应该是从叔本华的《作

积极生活的理由

为意志和表象的世界》一书中读到这个故事的。相传昔勒尼知道人世间最美妙的东西是什么,有个国王就来了兴趣,想知道世间的极乐妙事,于是就派人四处追捕昔勒尼。最终把他捉住后,国王问他:什么是最美妙的东西?昔勒尼先不吱声,最后在国王的强迫下说出了下面这番惊人之语:"可怜的短命鬼,无常忧苦之子呵,你为何要强迫我说些你最好不要听到的话呢?那绝佳的东西是你压根儿得不到的,那就是:不要生下来,不要存在,要成为虚无。而对你来说次等美妙的事体便是——快快死掉。"[1]昔勒尼是酒神狄奥尼索斯的老师,当然也是个神明。他这里的回答十分严密:头等好事是不要出生,次等好事是快快死掉,最糟糕的事当然就是活着了。尼采由此引申出一个问题:人生苦短,终归虚无,为什么我们能活下去?这是尼采在《悲剧的诞生》中讨论的根本问题。

尼采后期哲学追问的重点在于重复的生命的意义。在10年后的《快乐的科学》第341节中,尼采说:"存在的永恒沙漏将不断地反复转动,而你与它相比,只不过是一粒微不足道的灰尘罢了!"这句话对应了本体论/存在学上的虚

---

[1] 尼采.尼采著作全集:第1卷[M].孙周兴,译.北京:商务印书馆,2012:32.

第六章 | 虚无是否定生命的理由吗？

无，接下来他立即转向了实存论："对你所做的每一件事，都有这样一个问题：'你还想要它，还要无数次吗？'这个问题作为最大的重负压在你的行动上面！"[1] 在 1881 年春的笔记中，尼采又写道："关于你愿意做的一切的问题：'是不是我愿意做它无数次？'此乃最大的重负。"[2] 在以重复为主要基调的生活中，我们劳动、上班、休闲，不断地重复过去的行为，这种不断重复有什么意义呢？同一个行为做一次与重复做一万次到底有什么区别？如果做一次与做一万次是一样的，那我们为何要重复，要不断重做呢？我们不是可以立即了断自己了吗？这个问题是可以当真的，如果不解决这个问题，那你恐怕还没有找到生活/生命的动力，就还不免虚无——当然这里的前提是，你是认真对待生活的，是有生命责任的。

尼采曾戏仿康德的道德律令来传达他自己的一道"律令"，他说："要这样去生活，使得我们愿意再度生活，而且

---

1 Friedrich Nietzsche, *Die fröhliche Wissenschaft, Sämtliche Werke,* Hsg. von Giorgio Colli u. Mazzino Montinari: kritische Studienausgabe in 15 Einzelbänden, Band 3, Dt. Taschenbuch Verlag/De Gruyter, 1988, S.570.

2 Friedrich Nietzsche, *Nachgelassene Fragmente 1880-1882, Sämtliche Werke,* Hsg. von Giorgio Colli u. Mazzino Montinari: kritische Studienausgabe in 15 Einzelbänden, Band 9, Dt. Taschenbuch Verlag/De Gruyter, 1988, S.496.

积极生活的理由

愿意永远地如此生活!——这乃是我们在每个时刻都面临的使命。"[1]尼采认为人生"最大的重负"是重复,个体面临着一个急迫的问题:一次次不断重复的生活的意义何在?如果你不想行尸走肉般地活着,如果你对自己的生活足够严肃,这当然构成一个严重的问题。米兰·昆德拉的《不能承受的生命之轻》讨论的正是这个问题,在这本小说中,主人公托马斯不断与不同的女人发生性关系,最后他反思自己为什么要找几百个女人,不断地重复做同一件事?他给出了与尼采相同的答案:我在发现那些十分细微的差异。

虚无主义作为尼采哲学的主题,其实来源于叔本华哲学。无论是有限生命的意义还是重复生活的意义,都与叔本华的"欲望－痛苦－无聊"主题有关。人必有一死,终归虚无,则我们何以承受人生?有生之年苦多乐少,日常行动不断重复而无聊不堪,生命的意义究竟何在?这是每个个体必须追问的问题,而我们现代人早已陷入商业生活,精于计算,往往忽视了这个问题,耽搁了追问。

前期尼采之所以重视古希腊悲剧,是由于在他看来,悲

---

[1] Friedrich Nietzsche, *Nachgelassene Fragmente 1880-1882, Sämtliche Werke,* Hsg. von Giorgio Colli u. Mazzino Montinari: kritische Studienausgabe in 15 Einzelbänden, Band 9, Dt. Taschenbuch Verlag/De Gruyter, 1988, S.503.

剧具有一种直面虚无的英武力量；而后期尼采之所以要以"权力意志"和"永恒轮回"为核心创构一种新形而上学，是为了确证生命本体自我提升和扩张的本质，为面临虚无深渊的个体实存探索一条力求摆脱传统线性时间观、基于差异化复返的创造性实现之道。

从尼采早期的"痛苦"追问到晚期的"重复"问题，我大致概括为以下两点：第一点是苦中作乐。尼采的表达是悲剧性的，是一种大无畏地直面虚无、能够将痛苦转化为快乐的英雄精神；第二点是创造性重复，我将它表达为艺术性，它强调每一次行动都不一样的创造，要在细微的不同中找寻生命的意义。

积极生活的理由

虚无主义何以是必然的？

进一步的问题是：何为"虚无主义"（Nihilismus）？以及虚无主义何以是必然的。直到今天，人们对虚无主义的理解依然是十分肤浅的，人们多半会认为，虚无主义就是完全否定生命，因此是纯粹消极、负面和贬义的。我们一听到"虚无主义"一词，就觉得它太可怕了，因为"虚无"无论是在欧洲语言中还是在我们汉语中，它都是一个贬义词，可以用来骂人。

我们早就落在词语的暴力中了。比如我们总说前进是好的，而后退是不好的；积极是好的，而消极是不好的；上升是好的，而下降是不好的；存在是好的，而虚无是不好的；

等等。德里达把这种习惯思维叫作"在场的形而上学"。这已经是全人类的普遍情况，不光欧洲人如此，东方人也是如此。这在哲学上是同一性思维的表现，同时也是以自然人类朴素的感知经验为基础的。这就是说，二元对立、一方为大的同一性思维方式并非捕风捉影，而是自然人类经验的普遍化和极端化。但技术工业打碎了自然生活世界的统一性，使世界碎片化和多元化了，尽管二元性依然是人类经验的定式之一，但较为稳妥的办法恐怕是，把同一性的二元性转化为差异化的二重性，以便向多元现实保持开放。

"虚无主义"是什么？"虚无"与"存在"相对，那么"虚无主义"的对立面是"存在主义"吗？要知道，关于"存在"（Being）并没有"主义"，而只有"存在学"（Ontoglogia）；一定要说它有一个对立面，大概只能是"本质主义"了。确实，至少在尼采那里，虚无主义是一种反本质主义（柏拉图主义）的形式。不过，虚无主义在尼采那里具有多义性和多样性。海德格尔在《尼采》中总结道："虚无主义具有自身结构的本质丰富性：虚无主义的模棱两可的预备形式（悲观主义）、不完全的虚无主义、极端的虚无主义、积极的和消极的虚无主义、积极的－极端的虚无主义

（作为绽出的 - 古典的虚无主义）。"[1]循着他的思路，我们简单来说说这几个虚无主义样式。

第一，"悲观主义"。尼采首先把悲观主义称为"虚无主义的预备形式"。当然作为"虚无主义的预备形式"，悲观主义也有不同形式，有"强者的悲观主义"与"弱者的悲观主义"之分。有的人悲观但并不虚弱；有的人既悲观又虚弱，因虚弱而悲观。

第二，"完全的虚无主义"与"不完全的虚无主义"。尼采区分这两点的基本判断依据只有一个：是否对以往一切价值进行了重估？如果对以往所有价值进行了充分评估，那这种虚无主义是完全的；如果没有进行重估，而是试图用新价值去替代之，那就是"不完全的虚无主义"，比如说当时的社会主义，比如说瓦格纳的音乐，在尼采看来就属于"不完全的虚无主义"，因为它们是要用一种新的价值形态去取代旧的价值，因此难免"旧瓶换新酒"或者"换汤不换药"。与之相对的"完全的虚无主义"又是什么呢？"完全的虚无主义"包含了"对一切价值的重估"。"重估一切价值"是尼采的一个著名口号，尼采甚至屡屡想写一本以此为题的书；

---

[1] 海德格尔.尼采：下卷[M].孙周兴，译.北京：商务印书馆，2015：782.

显然,"完全的虚无主义"就是尼采自己主张的"虚无主义"了。

第三,"积极的虚无主义"与"消极的虚无主义"。区分这两者的标准也是唯一的,即生命权力的提高或衰退。凡是倡导和促进生命力量提高的,就是积极的虚无主义;凡是导致精神力量衰退的,比如说叔本华的悲观主义,就是消极的虚无主义。

大而言之,尼采其实做了两个基本的区分,一是"完全的虚无主义"与"不完全的虚无主义"之分别,二是"积极的虚无主义"与"消极的虚无主义"之分别。尼采提倡的是"完全的、积极的虚无主义"。

什么是"虚无主义"?上面只介绍了尼采的虚无主义样式区分,尚未真正涉及本质性的界定。虚无主义成为一个现代性命题当然是从尼采开始的,所以尼采是相关讨论的出发点,但我们的讨论不能止步于尼采。关于由尼采引发的虚无主义的意义问题,我这里给出四种解释,供大家参考。

第一个解释:虚无主义 = "上帝死了"。这一说法当然与尼采有关。"上帝死了"是"虚无主义"最直接的表达。我们早就听过"上帝死了"这一说法,五四时期的知识分子们可能也是听了"上帝死了"这个骇人的呼喊,才会信奉和追随尼采。"上帝"意味着欧洲民族传统文化中最核心的部分,"上帝死了"不仅意味着基督教的没落,而且预示着传统形而上学体系的崩溃。海德格尔曾感叹:"上帝之缺席意味着,不再有上帝显明而确实地把人和物聚集在它周围,并且由于这种聚集,把世界历史和人在其中的栖留嵌合为一体。但在上帝之缺席这件事情上还预示着更为恶劣的东西呢。不光是诸神和上帝逃遁了,而且神性之光辉也已经在世界历史中黯然熄灭。世界黑夜的时代是贫困的时代,因为它一味地变得更加贫困了。它已经变得如此贫困,以至于它不再能察觉到上帝之缺席本身了。"[1]

第二个解释:虚无主义 = 价值虚无。虚无主义是最高价值的贬黜,也就是价值虚无,在这个意义上它是消极的。尼采对"完全的虚无主义"与"不完全的虚无主义"的区分的基本判断依据就是:是否重估一切传统价值。随着传统人性颓败,价值崩溃,信仰破灭,道德沦丧,虚无主义因此获得贬义性。"上帝死了"或者说虚无主义当然意味着价值相对主义、价值虚无主义,当然也意味着道德感的失落,社会风俗的败坏,信仰感的弱化,诸如此类。我们不难在现实中找

---

1 海德格尔.林中路[M].孙周兴,译.上海:上海译文出版社,2008:242.

第六章 | 虚无是否定生命的理由吗？

到现象上的印证和表现，尤其在20世纪的人类生活中，这种价值虚无日益明显；而在20世纪之后，今天的人类道德体系已经彻底弱化了。

第三个解释：虚无主义＝形而上学的否定。尼采自称为"虚无主义者"。作为虚无主义者的尼采对形而上学有双重否定："对于如其所是地存在的世界，他断定它不应当存在；对于如其应当是地存在的世界，他断定它并不实存。"[1]这样的严格哲学表达在尼采那儿并不多见。所谓"如其所是地存在的世界"指的是"存在世界""本质世界"，即传统希腊哲学构造出来的"理念世界"；而所谓"如其应当是地存在的世界"是指由基督教神学构造起来的道德和信仰的世界，也就是所谓的"理想世界"。尼采说"理念世界"并不存在（sein），而"理想世界"并不实存（existieren），用词非常严谨。前半句是对本体论/存在学的否定，后半句是对神学的否定。可见尼采是以虚无主义的方式极其明快地拒斥了形而上学的"先验－超验"双重结构。要想真切地理解虚无主义，就得深入形而上学之中，从形而上学的"先验－超验"结构上来了解这个最大和最根本的现代性问题。

---

1 尼采. 尼采著作全集：第12卷[M]. 孙周兴，译. 北京：商务印书馆，2010：418.

第四个解释：虚无主义＝自然人类精神表达体系的衰败。这是我个人的理解，虚无主义或者"上帝死了"等于自然人类精神表达体系的崩溃。自然人类精神表达体系的核心是哲学和宗教，也许还得加上艺术，但艺术因其非主流的奇异特性一直处于边缘位置。尼采和海德格尔都把哲学和宗教设定为欧洲形而上学的两个主要部门，人们也经常把欧洲文明称为"两希文明"，说的正是古希腊哲学与犹太－希伯来宗教。作为自然人类的欧洲人通过哲学和宗教构造了他们的超越世界和价值体系，制度性的哲学与心性指向的宗教都是以传统线性时间观为基础而形成的精神表达方式。而所谓虚无主义首先意味着：由哲学和宗教构造起来的超感性领域的崩溃，一个由哲学和宗教为核心和基础组建起来的传统社会的瓦解。

现在我们越来越可以看清楚，虚无主义的产生与技术工业有关，是技术工业以及在此基础上生成的资本主义的产物。正是18世纪开始的技术工业导致了自然人类精神表达系统的衰落和崩溃。就此而言，虚无主义是必然的。

第六章 | 虚无是否定生命的理由？

虚无不是消极生活的理由

本文的主题是：虚无不是我们消极生活的理由。上面的讨论实际上已经触及了这个主题。我还想进一步展开三点论证。

第一，世界变了，欺骗（自欺和互欺）的时代已经结束了。在《悲剧的诞生》中，尼采区分了古希腊的三种文化，即艺术文化、理论文化和悲剧文化。尼采认为前两者都采取了"自欺"和"虚构"的形式，只有"悲剧性"才是一种直面虚无的英雄精神。所谓艺术文化指的是在哲学科学文化产生之前的古希腊早期艺术，希腊人通过史诗、雕塑、建筑等各种艺术样式创造了奥林匹斯的神话体系。而希腊神话是很奇怪的，它不是一元的而是多元的，同时希腊神话中的神，无论是品格还是长相，都与人类一模一样。尼采认为希腊人之所以这样构造他们的神话，是想要证明人类跟神祇无别，于是就为生存找到了理由。尼采进一步说苏格拉底杀死了早期艺术文化，以及同样具有神话内容的希腊悲剧文化，是因为苏格拉底开创了科学文化，确立了科学乐观主义的信念，相信科学/知识不但可以认识世界，还可以改变世界。科学文化/理论文化致力于用因果说明的方式论证世界的逻辑和规律。当知识和理论的论证兴趣彻底压倒了其他兴趣，我们就成为"理论人"。尼采认为，苏格拉底之后我们每个人都是论证高手，都是理论人。但从本质上看，这种论证是明显的自我欺骗，生命中许多要素、人生中许多方面是难以被理论化和被科学化的。各位只要对自己的论证行为进行一下反思，就会发现很多时候我们都在自我欺骗，比如我想做一件坏事，总是找不到理由，终于找到了——制造了——一个理由，我就大胆下手了。今天的人们（理论人）都是这样。

尼采之所以推崇悲剧文化，是因为它蕴含着一种直面人生分裂和痛苦的英雄精神。在后期对柏拉图理性主义的批判中，尼采对基督教以及道德主义进行了全面深刻的解构，把它们揭示为一种"谎言"形式。各位可能还抱有这种想法，认为世界是统一的、美好的，生命有终极的意义和目标。但尼采说这是一种"谎言"，真相是：现实就是破碎的，生命根本上是虚无的。我们很难用一个单一的尺度去衡量这个新世界了。

第二，世界经验和世界经验的尺度变了。时空观（时间和空间经验）之所以这么重要，是因为时空观不仅是我们基本的世界经验，也是其他世界经验的基础和尺度。时空观的改变才是世界经验的最根本变化。这种变化的突破口是时间经验。传统的线性时间观慢慢失效了，圆性时间观逐渐开启。在技术工业的影响下，自然生活世界发生了巨大的改变，线性时间观和以此为基础的传统精神表达方式逐渐衰微。线性时间观假定，时间是自在的、无限的直线性流逝。人类无法容忍这种冷酷的无限流逝，便创造了哲学和宗教，构造了一个无时间的抽象形式世界和一个无时间的彼岸神性世界。在技术工业的影响下，一种新世界经验已经生成，并开始酝酿一种新时空观。

尼采首先以"相同者的永恒轮回"学说开启了一种圆性时间理解，一种以"瞬间－时机"为核心，让过去与将来碰撞的圆性时间经验。这种时间经验是难以直白解说的，原因正在于，它是超越了物理－科学的线性时间观之外的另一种时间经验。海德格尔更进一步,他在前期哲学中引入以"将来"为定向的三维循环时间性,后期则开展了一种本源性的时－空(Zeit-Raum)理解。他认为时间与空间本属一体,两者的分离是现代科学时代发生的事。海德格尔的相关思索同样玄奥不明,其意图与尼采一样,都是要突破已成人类日常经验模式的科学的线性时空观念,积累与新生活世界相应的新时空经验。

第三,人性变了,一种新人性和新人类正在生成。千万不要以为人性是不变的,没有恒定不变的人性。当然,在自然人类的生活状态里,人性诸要素的变化相对要小些,激烈的改变来自技术工业,技术工业的"脱自然化"进程使人类生活世界发生了彻底的变化,重塑了人性和人性规定,并在战后呈现加速之势。在所谓"人类世"也即技术统治的时代里,人类拥有了改造地球的力量,同样也有了改造自身的力量。"人类世"根本上就是指自然人类文明向技术人类文明的转化。尼采如先知般预见了"末人"的状态,即被计算和被规划的最后的人类状态,并且形成了以"返回大地"和"重获自然性"为标志的"超人"理想。最新的生物技术和人工智能技术使得人类未来成为焦点问题,引发越来越多的关注和争论。新人类的新人性是什么?是自然性加上技术性吗？新人类是"技术人"，还是自然人加上"数字人"？这些是我们必须思考的问题。

以上三点变化表明，我们对虚无问题和虚无主义要有新的理解了。20世纪以来，人文科学总是不断提出克服和消除虚无主义的问题，仿佛虚无主义是现代人类面临的大敌，而克服虚无主义是哲学人文科学的根本任务。然而，虚无主义的消极性恐怕只是对自然人类而言的。虚无主义更多地只是标志了一个事实，即自然人类精神表达方式和价值体系的衰落。随着技术文明的不断发展，作为自然人类文明表达方式的传统人文科学越来越被边缘化。自然人类对历史的回忆和对失落过去的哀怨当然可以理解，但我们恐怕得节制这种抱怨了。这样抱怨下去，只能被无情地抛弃了。

真正使虚无主义成为一道难题的尼采却自称"积极的虚无主义者"，这是为何？积极的虚无主义为何是必然的？既然已经是"虚无"，那何以为"积极"？所谓"积极的虚无主义"是一种不自欺的和创造性的生活姿态。现实的碎片化和生命的虚无性不是我们悲观和悲叹的理由，反倒是积极生活的动因。尼采在这里做了一个脑筋急转弯。叔本华说生命终归虚无，我们完了，但尼采说不是，正因为生命是虚无的，现实是碎片化的，所以我们更要好好地活着，更要积极

积极生活的理由

地活着。总而言之，虚无不是我们否定生命、消极生活的理由。

最后我想介绍一下当代艺术家蔡国强的新作《悲剧的诞生》，以此来结束我今天的线上报告。受尼采《悲剧的诞生》启发，蔡国强于 2020 年 9 月 25 日当地时间下午 3 点在法国夏朗德河，通过直播，为世界带来了白天烟花爆破项目《悲剧的诞生》。两万发烟花从漂浮在河上的 150 个酒桶中发射，以约 15 分钟的三幕烟花（诗、书法、戏剧），致敬人类"不屈、勇气与希望"的共同价值，以及直面悲苦人生的生存意志和英雄精神。

我想说，正是因为必然的虚无，因为虚无中的抵抗，我们今天才越来越需要艺术——因为，只有创造性的生活是值得一过的。

再说一回：虚无不是消极生活的理由，而是恰恰相反。

技术生活世界给我们带来了巨大的变迁和动荡,无论这个世界好或不好,我们都必须把它理解为好的。

第七章

再问：这个世界还会好吗？

——一种未来哲学的追问[1]

---

[1] 系作者 2022 年 5 月 20 日下午在浙江大学哲学学院的"思想与时代"哲学公开课之第五讲，根据录音记录稿整理而成。本文迄今未发表过。

这个世界还会好吗？关于这个问题的可能答案有好几种，仿佛都能成立。今天追问此题，我们要关注的是，这个技术生活世界，这个被技术统治和改造的世界，到底发生了哪些重要的变化？有哪些基本变量？本演讲从词之变、物之变和时空之变等几个面向，揭示在人类世－技术生活世界里完成的根本性转变；这些根本性转变意味着世界经验的重塑和转换，而当代艺术和当代哲学（艺术人文科学）就是为此而准备的。这个世界还会好吗？——我们最后尝试给出一个尼采式的解答：无论这个世界原本好还是不好，我们必须把它理解为好的，此即尼采所谓的"积极的虚无主义"。

第七章 | 再问：这个世界还会好吗？

各位线上和线下的朋友，大家好！今天是"520"，在我们这里搞成"我爱你"了。今天是我的老东家同济大学的生日，明天是我的新东家浙江大学的生日。我想，线上有很多同济大学的朋友，当然也有浙大的朋友，祝两校的朋友校庆日快乐。今天据说会有几万人在线上，弄得我好紧张，其实我一直不喜欢做线上报告，感觉差不多是跟虚无演讲。好在今天线下还有些朋友，还是一个正常演讲的场景。

刚才主持人已经把我介绍了一下，其中有许多不确之辞。我主要做四个方面的研究，就是尼采、海德格尔、艺术哲学和技术哲学。现在这四块同时在进行，但我的工作重点已经放在后两块了，即艺术哲学和技术哲学。技术哲学是我刚刚开始的一个领域，我也称之为"未来哲学"，还具有试验性质。我今天的报告的副标题是"一种未来哲学的追问"，所以也是试验性的。我大概就这个问题讲五点。第一是要提出这个问题："这个世界还会好吗？"第二是要解释我所谓

"未来哲学"的一个重要概念,即"技术生活世界"。第三是要讨论一下"技术生活世界"发生了哪些根本性变化,哪些要素是基本的变量。第四是要提出当代艺术和哲学的任务。最后,我又回到主题,再一次追问:"这个世界还会好吗?"

第七章 | 再问：这个世界还会好吗？

问题：这个世界还会好吗？

我今天的报告公布后，一位上海的朋友给我发了微信，他说你后天的报告会让听众联想到梁漱溟晚年口述的《这个世界会好吗？》。很遗憾，我没读过这本书。梁漱溟被称为最后的儒学大师。1918年11月7日，梁漱溟的父亲梁济问当时仅25岁，但已经成为北京大学教授的梁漱溟："这个世界会好吗？"梁漱溟回答说："我相信世界是一天一天往好里去的。"梁济说："能好就好啊！"然后就离家出走了，三天以后投湖自尽。

梁济其实根本不相信儿子的答案，他在提问时已经做好了死的准备。他留下的遗书《敬告世人书》里面有这样的说法："国性不存，我生何用？"他的意思是说，这国已经不好了，这世界已经不会好了，所以我就不活了。这样的逻辑对吗？我认为这个逻辑是大成问题的——这国家不好了，这个世界不好了，我就不活了吗？

比较一下，我今天的报告只是多了一个副词"还"。我问：这个世界还会好吗？

这个世界怎么了？这个世界还会好吗？这是人们经常追问的一个问题，也可以说是一个持久的哲学问题，尤其是在人类文明的危急时刻，这个问题更显严峻。2020年年初以来，全球许多城市一度进入停摆状态，发生了许多奇怪的事。我朋友圈里的朋友就有不少给我留言：这个世界不会好了。

这个世界还会好吗？可能的答案里面有下面几个：

第一，"这个世界原本是好的，未来也会好的"；

第二，"这个世界原本是好的，但越来越不好了，未来也将更加不妙"；

第三，"这个世界原本不好，未来会更糟糕"；

第四，"这个世界原本不好，但未来会好的"；

第五，"假问题，这个世界从来就没好过，未来无所谓好不好"。

第七章 | 再问：这个世界还会好吗？

大家可以继续想，可能还有其他的答案。但无论哪个答案，仿佛在逻辑上都可以成立。所谓在逻辑上可以成立，意思就是说，它们都可以得到论证和辩护。我一直把论证和辩护看作哲学的基本功，我们做哲学的人干的活儿，主要是不断地为我们对外部世界的看法以及我们自身的行为做论证和辩护。这种论证和辩护对我们每个人来说都很重要，是我们每个人都在做的事——在此意义上，人人都是哲学家。

今天我们来追问这个问题，首先要关注的是，这个技术生活世界，这个被技术统治和改造的世界，到底怎么了？究竟发生了哪些重要的变化？有哪些基本的变量？我觉得，只有搞清楚了这些，我们才知道我们在哪儿，以及我们将面临什么。

什么是技术生活世界？

什么是"技术生活世界"？"生活世界"（Lebenswelt）这个概念在19世纪中期以来成为一个重要的哲学概念。19世纪中期是世界历史的一个重要节点，当时的新哲学开始了对主流哲学传统的批判，即对唯心论/观念论/柏拉图主义传统的批判——这里的三个名称其实是同一个意思。与此同时，一个哲学的转向完成了，今天我们越来越清晰地看到，这种转向实际上是生活世界的转向。首先是马克思。因为体系性的问题，现在的大学生比较低估马克思，甚至讨厌他，这是因为我们还没有真正弄懂马克思的转向性意义。在世界哲学史上，无论怎么排，马克思都在前几名之列。马克思当时就说:"人们的存在就是他们的现实生活过程。""我们的出发点是从事实际活动的人。"这就清晰地表达了他的哲学批判立场和转向生活世界的哲思决心。

在马克思完成第一本哲学著作《1844年经济学哲学手稿》的那一年,另一个德国哲学家弗里德里希·尼采诞生了。对于哲学主流传统,尼采与马克思一样野蛮和暴力。尼采把自己的哲学批判称为"另一个世界"批判。什么意思呢?在尼采看来,以前的哲学和宗教总是在构造"另一个世界",总是主张我们生活在其中的世界是不真实的、虚假的、不可靠的,是不值得追求的,我们要追求的是"另一个世界",于是哲学构造出"另一个世界",即理性-观念-形式的世界,而宗教也构造了"另一个世界",即超验的、神性的彼岸世界。尼采的特点是直接,他说,"另一个世界"才是虚假的,我们现实的生活和生活世界才是真实的。进一步,在开展一种宗教和哲学批判的同时,尼采提出了未来人的理想,即"超人"概念。这个"超人"完全不是人们通常想象的那样,不是天马行空的高级生灵或神灵,诸如奥特曼、孙悟空之类,更不是希特勒之类的"强人"或"暴君"。尼采说,"超人"不是超越的,不是指向天国的,而是朝下的,是地上的。"超人的意义在于忠实于大地"——这是尼采在《查拉图斯特拉如是说》中给出的一个基本规定。

然后是现象学家胡塞尔，他开展了一种"生活世界现象学"。胡塞尔区分了三个世界：第一个就是日常生活世界，它不是课题化或主题化的，它不是科学研究的对象；第二个是科学的世界，它是课题化的；第三个是原始生活世界，是前科学的纯粹经验生活世界，它也被叫作"基底世界"，是一个纯粹直观的存在学世界。我们可以看出来，胡塞尔身上依然有一种强烈的传统先验哲学的留存。

第四个是海德格尔。海德格尔在早期哲学里面区分了世界的东西和前世界的东西。"世界的东西"是通过对象化、科学和理论构造起来的，但还有一个"前世界的东西"，这跟前面讲的胡塞尔的"原始生活世界"差不多是同一个意思。在《存在与时间》里面，海德格尔进行了人的存在分析，即此在在世分析，揭示出人生此在的实存结构，此在就是"在世界之中存在"。而在后期思想中，海德格尔同样区分了两个世界，一个是技术化的、对象化的世界，另一个是所谓的"天地神人"四个要素互联游戏的非对象化的世界。简单说，艺术－人文的世界与科学－技术的世界是两回事。海德格尔认为，我们必须通过艺术和思想进入后面这个非技术的世界里。在海德格尔这里，我们看到了思想抵抗技术的一种努

第七章 再问：这个世界还会好吗？

力，但我们今天依然要面对越来越技术化的生活世界。

那么我们要问，为什么19世纪中期以来，"生活世界"成为一个格外重要的哲学问题？根本原因就在于世界已经彻底变了，被技术工业改造和转换了，生成了一个"新世界"——这个"新世界"可以得到多样的命名，但大概我们不得不说，它是一个"技术生活世界"。这个世界的基本特征依然是由马克思给出的，第一个特征是生产力的提高，第二个特征是普遍交往。前者不用我们解释了，后者还需要解释。马克思说的"普遍交往"在他那个时代还只是刚刚开始，而且是通过殖民化来完成的，现在早已经成了世界现实。哪怕这几年有新冠病毒，人际和国际的具身和实物交往受到了很大程度的阻碍，但通过全球互联网和新媒体，我们也还可以完成"普遍交往"。"普遍交往"是技术工业提供给人类的，技术工业为我们提供了最大的可交往性，以我的看法，这种可交往性就是自由度。所谓的民主制度无非是一个自由讨论的体系，它是技术工业所要求的"普遍交往"。所以我最近有一个尚未进行充分论证的等式，即自由 = 可交往性。有了马克思说的这两条，即生产力的提高和普遍交往，就有了一个新世界，一个被技术所规定的新世界，就是"技术生活世界"。

积极生活的理由

什么是"技术生活世界"？我们还需要进一步追问。我们首先要搞清楚，今天这个世界，今天更加技术化的世界，它如何区别于"自然生活世界"。我们所谓的传统文明是自然人类文明。线上线下的各位，包括我，看着还像个自然人，但其实已经不再是了，无论是在肉身还是精神上，都已经不再是原本的、纯粹的自然人了。自然人类文明形成了自然人类的精神表达体系，也就是尼采所谓的"价值构成物"。其中的核心要素是什么呢？就是哲学、宗教。哲学是制度性的，每一种制度后面都有一种哲学，我们都是根据哲学的普遍要求来构造制度的。宗教是指向人类心性的信仰和道德。在传统文化样式中，只有艺术是主流文明的异类。为什么艺术在西方一直被哲学所排斥？为什么瓦格纳说基督教世界是一个完全非艺术的世界？瓦格纳也是19世纪中期的艺术家，他开始从艺术角度反对基督教文明。艺术为什么不断地被排斥呢？在哲学时代尤其是这样，这是因为艺术终归保持着一种个体性和奇异性的本质。艺术不是普遍主义的，从来都不是，艺术总是稀奇古怪的，总是指向个体的，是个体的生活和创造。所以，艺术必然与自然人类文明体系里的核心要素即哲学和宗教发生冲突。

自然人类文明的表达体系首先是在所谓的"轴心时代"

第七章 | 再问：这个世界还会好吗？

形成的。我们这个系列的第一个报告讲的就是"轴心时代"。"轴心时代"是雅斯贝斯发明的概念，表示世界几大古老文明在公元前 500 年前后不约而同地实现了文化突破。都在公元前 5、6 世纪，好奇怪，就到那个时候几大文明都启动了。其中希腊文明最具有典范性，就其流传或影响来说，也最具世界性，因为今天的全球文明从根子上讲是希腊式的，正是在古希腊生成的以形式思维为特征的哲学 - 科学成就了今天的技术世界。这个技术世界在最近几十年中越来越被表达为"数字世界"，但如果没有古希腊的形式科学，难以想象今天的"数字世界"。古希腊文明的转折点在公元前 5 世纪前后。此前一个时期，就是尼采所谓的"悲剧时代"，也是海德格尔等哲学家所谓的"前苏格拉底时期"。尼采说，"悲剧时代"才是人类文明史上最好的时代，"悲剧艺术"是最好的艺术样式，同时对应的还有一种"悲剧哲学"，那才是真正的哲学。很遗憾，它很快就消失了。因为来了一个苏格拉底，在苏格拉底时代产生了一种新的理论文化，也就是哲学 - 科学的文化。这种哲学 - 科学文化在尼采看来不是真正的哲学了，它只是理论或科学（episteme）。尼采说，苏格拉底来了，科学文化来了，才导致悲剧文化猝死了。这是古希腊文明发生的故事，也就是在公元前 5 世纪，哲学 - 科学时代开始了。

今天，这种哲学－科学的文明已经成为全球文明。

"轴心时代"到底发生了哪些重要变化呢？就古希腊文明而言，我认为主要有几个方面的重要变化：一是文艺向哲学或广义科学的转换；二是从说唱向书写的转换；三是从动词主导的文化向名词主导的文化的转换。看得出来，这三种转换其实是一回事，或者说是同一个转换的三种不同表现。这是古希腊"轴心时代"发生的基本转换。其他古文明类型是不是也有类似的情况？

关于"轴心时代"的起源有多种解释：地理环境的、人类学的、文化哲学的等。我们今天无法一一厘清和介绍。我们愿意采取的是文化哲学的解释。依据我的理解，"轴心时代"是自然人类精神表达体系的确立。自然人类世界经验的基础是线性时间观，尤其在欧洲是这样。可以说哲学和宗教都是为克服线性时间观而产生的，哲学创造出一个无时间的形式抽象领域，而宗教构造出一个无时间的永恒彼岸世界。

什么是技术生活世界？死于 1900 年的尼采在 1884 年就喊出了"上帝死了"的口号。什么叫"上帝死了"？上帝死了，不只是基督教的上帝消失了，指的是源于古希腊哲学的传统哲学与基督教的超验宗教组合起来的形而上学，已经失去了对我们的影响力。我们可以把它表达为：自然人类精神

第七章 | 再问：这个世界还会好吗？

表达体系的崩溃。这个事件的主要起因是始于18世纪60年代的技术工业以及以此为基础的资本主义生产方式和生活方式。大事的发生需要时间。对资本主义生产方式和生活方式的反思到19世纪中期才开始，我们前面提到了马克思、瓦格纳、尼采等，他们开始了这种反思。现在回过头来看，当时的技术工业还是相当落后的大机器生产，电气时代尚未开启，但技术工业已经改变了自然人类的生活世界，渐渐使自然人类的精神表达体系和组织方式失效了。所谓的"技术生活世界"是一个技术统治的世界，它的基本逻辑是交换/交易的规则，而不再是或者不再首先是道德/伦理的法则。这是马克思早就说过的。或者说，道德和伦理首先是自然人类的法则，在技术生活世界里则另有规则。所以尼采才会说，他是第一个"非道德论者"，他很清楚，因为道德只有在自然人类精神表达体系里才是可能的。但现在，技术生活世界形成之后，道德主义的时代结束了。

积极生活的理由

技术生活世界的基本变量

我们刚刚已经描述了一个所谓的百年未遇、其实是千年未遇的大变局。我把这个大变局描述为从自然人类文明向技术人类文明的过渡。19世纪中期以来的那些先知已经开始了对这个变局和这个新世界的描述，比如说马克思的宗教批判和技术工业批判，比如说瓦格纳的艺术神话，比如尼采的虚无主义批判和新哲学（未来哲学）。瓦格纳为什么要去用艺术重建神话？是因为他发现技术工业已经把我们的文明搞得稀巴烂了。如果没有神话，没有这种自然人类的精神体系了，那我们是受不了这个文明的。

进入20世纪，在技术工业推动下的殖民化/全球化差不多已经完成了，在各种利益的纠缠中，各民族国家势力需要一争高下了。第一次世界大战和第二次世界大战是必然的，因为钢铁工业开始了，钢铁工业发达的国家必定要欺负、掠夺那些像中国这样的当时没有钢铁工业的国家。所以实际上，我们也可以把两次世界大战理解为自然人类文明与技术人类文明的战争。这场战争的终结者是什么呢？终结者是自然人类无法想象的暴力——物理工业带来的原子弹，至少在东亚战场是这样。我提出一个概念叫"物理工业"，当然还有"化学工业"，两者是技术工业上半场的主要类型；而"二战"结束以后，技术工业进入下半场，数学工业和生物学工业成为主导性的。这是我们今天的现实，是技术工业的逻辑。

20世纪后半叶，技术发展的节奏越来越快，四大基础科学（物理、化学、数学、生物学）相继发力，相应的四大技术要素（核工业、化工、人工智能和基因工程）已经完全控制了整个人类，对自然人类进行全面技术化。我们不妨引用和对照政治学讨论中的"加速主义"（Accelerationism）概念。可怕的正是这种加速，知识更新速度越来越快，有数据表明，20世纪80年代科技知识的更替（淘汰）周期大约是25年，而今天则缩短为3年左右。所以现在的科学研究者和技术专家也是不容易，很难保持自己的前沿优势，而若失去这种前沿优势，就分明成了假专家。这就是加速主义。人类生活也随之进入加速的技术节律中，生活世界中不再有稳定而持久的东西了，许多新的要素出现了。

第一个要素是图像。图像文化兴起，以照相、电影、电视、电脑等新媒介技术为基础，图像文化成为技术时代主流的文化样式。这是大家都看清楚了的，不待多言。第二个要素是说唱。书写文化弱化退场，说唱文化重归。我从事的是书写行业，出了不少书，但越来越没人看了。请注意，在"轴心时代"里发生的是从说唱文化到书写文化的转换，而现在似乎又倒过来了，回转了。电视、互联网、音频、自媒体等又一次使说唱表演（演讲、歌唱、交互等）成为最普遍的文化活动。今天演讲能力变得十分重要——我很遗憾，我的普通话不好，经常需要带翻译，这就很不好，我经常建议线下的听众相互翻译。最近因为疫情不让大家出门，也不让我们到外地讲课，于是线上的报告越来越多，我朋友圈里每天有十几个报告的海报，不知道该不该听、听哪个。大家都在线上展开这样的活动，当然还有歌唱、交互等活动，它们成为最普遍的文化活动。第三个要素是数字。数字成为最普遍的表达/交流/交换/管理媒介，表明起源于希腊的形式科学在技术人类生活世界的全面实现。什么叫

第七章 | 再问：这个世界还会好吗？

形式科学？形式科学本质上就是"数之学"。我一直说我们的学习方式有两种，人文科学主要是"模仿之学"，而自然科学主要是"数之学"。这两种学法，一是"模仿"，是 mimesis，希腊人说艺术的本质是"模仿"；二是"数学"，是 mathesis，希腊人把它视为最重要的知识样式。所有的"学习"都可以归到这两种学习方式上，而在今天，"数之学"变得越来越重要，它在技术人类生活世界里得到了全面的实现。

今天我们就面临着一个改造教育和教学的任务，人类教育体系需要彻底重构。比如，我的朋友聂圣哲先生一直在呼吁缩短学制，我深表赞成。为什么呢？因为今天教和学的方式变得多样化了，学校教学的意义正在不断下降。我朋友圈里有一些老家的农民朋友，他们好像没接受过多高的学历教育，但在朋友圈里的发言很有水平。他们当然不是在学校学的，而是在新媒体里面自学的，所以学校教学已经不像从前那样重要了。广义的"模仿之学"完全可以在日常生活、交流和阅读中完成，而计算性思维，就是我刚才讲的"数之学"，是可以通过互联网、新媒体得到"外接"或"扩张"的。更不要说人工智能的进展，有人断言 5 年、10 年以后将实现人机相连，这就意味着可以形式化的、用数学表达的知识不需要你学习了。所以，今天的大学面临重大挑战。我有一次开玩笑说,现在大学面临的最可怕的一个情况恐怕是,你把学生招进来,等他毕业的时候这个行业已经没有了。

以上是技术生活世界的一些现象上的变化,我分述了几项:图像、说唱、数字、教育等。我们当然还可以继续说开去,而且实际上还有一些更根本性的变化,我下面主要讲三点:一是词性之变,二是物性之变,三是时空之变。

第一,词性之变。首先是从名词文化到动词文化的转变。刚才说了,海德格尔揭示了"第一开端"或者"转向"中的从动词文化到名词文化的转变。动词文化是说唱文化,名词文化是哲学和科学的文化。而在另一个转向中,已经或正在发生从名词文化(概念性的哲学)向动词文化(大概是艺术哲学)的转换。名词性的哲学进入动词世界了,这意味着什么呢?我们可以看出,20世纪哲学的基本词语大概有两个特性。第一是动词性,动词性就是非概念性,比如20世纪最重要的哲学词语,如"实存""此在""本有""直观""理解""游戏""解构""话语",实际上都是动词性的,虽然现在我们还是用动名词形式来加以表达。第二是离心性,所谓离心词语就是非向心的或者非同一性的词语。哲学的词语一直以同一性的词语为主,但现在不一样了。比如说在20世纪的哲学词语中,"差异""多样性""对抗""模糊""非确定""相对""多元论""残片化""异质性""怀疑论""解构",这大概是 20 世纪的最基本的哲学语汇,是离心的,而不是向心的,不是中心主义的。这就表明了词性的变化。

在社会文化层面也有同样的表现。美国文化学者凯文·凯利(Kevin Kelly)说:"永无休止的变化是一切人造之物的命运。我们正在从一个静态的名词世界前往一个流动的动词世界。"[1]我相信他一定读过海德格尔的书。凯利列述了 12 个基本动词,比如说"形成"(becoming)、"知化"(cognifying)、"流动"(flowing)、"屏读"(screening)、"使用"(accessing)、"共享"(sharing)、"过滤"(filtering)、"重混"(remixing)、"互动"(interacting)、"追踪"(tracking)、"提问"(questing)和"开始"(beginning)。这 12 个动词所标志的力量越来越强,成为未来的基本轨迹,决定着我们文化的走向。这是一位文化学者的想法,他敏感地洞察到了我们时代发生的变化:生活世界的词性之变。

第二,物性之变。从形态上讲,世上大概有三种物:自然物、手工物、技术物。在技术统治的世界里,自然物和手

---

1 凯文·凯利.必然[M].周峰,等,译.北京:电子工业出版社,2016:IX.

积极生活的理由

工物已经隐退了。我们今天这个报告厅里已经没有一件是手工物了，所有的东西都是机械制造的。1980年我进浙大的时候可不是这样的。中国社会最近40年发生的最大变化就是手工的自然生活世界退场，进入技术工业的世界。这是生活世界的巨变，也是所谓"人类世"的基本标志。我最近在研究颜色，觉得颜色问题恐怕是被哲学遗忘了。在今天的技术生活世界里，因为物的变化，颜色当然也变了。手工自然生活世界的差异化的色彩慢慢淡出，单调的"技术色"——我想可以大胆提出"技术色"概念——成为主导性的。中国美术学院有一个研究中心是专门研究颜色的，但在美院不说"颜色"，而说"色彩"。在哲学人文科学的传统路线上，除了牛顿的科学的颜色理论和歌德的偏艺术的颜色学说，人们对颜色的讨论还不多。我觉得需要更多地关注颜色，探讨这个正在消失的色彩缤纷的世界。

因为物和物色之变，对物的感知和经验也相应地改变了。这个变化太深刻，也太隐蔽了，以至于我们多半没有觉察到这种变化。从总的趋势上说，技术工业把我们的生活世界变得越来越抽象。什么叫越来越抽象呢？因为技术物是同一性的、无差别的。这时候，我们的感知就经常会空转，无法落到实处，无法把某个事物跟别的事物区分开来。我们面临这样一个艰难的问题，就是我们进入一个抽象的世界，它在今天越来越被表达为数字文化和数字世界。"数字世界"大概是技术抽象世界的最后阶段。

在哲学史上，"物"的变化表现为"物"概念的变化。这部分内容我在别的地方多次讲过，这里只做简述。[1] "物"的概念史实际上就是整部哲学史，在欧洲哲学史上明显地分为三个阶段：第一个概念是古典哲学的"自在之物"（Ding an sich），即物的存在在于它自己、它本身。古典哲学做了一个假定：物是恒定的、不变的，自然是强大的，物的意义或物的存在就是它的自在性，这才有古典哲学里的"存在学"（ontology），就是关于存在的讨论。第二个概念是近代哲学的"为我之物"（Ding für mich），即物是为我的对象。近代哲学发生了一个重大的变化，从"自在"转向了"为我"，物是为我的，是 for me 的，是"为我之物"。我们知道康德做了一个著名的假定："自在之物不可知。"他因此已经拒绝了传统的哲学，同时启动了近代哲学的对象性思维：物的存在就是"被表象性"，就是"对象性"。今天我们的思维就被这一套对象性思维控制住了。我们把所有事物都看作我的对

---

[1] 详细讨论可参看孙周兴.物之经验与艺术的规定[M]//孙周兴.人类世的哲学.北京：商务印书馆，2020：163.

象,然后加以分析和探讨。第三个概念是"关联之物",即物的意义既不"自在"也不"为我",而在于它如何与我发生关联。现当代哲学,尤其是现象学以及之后的哲学,把事物的存在看作一种"关联性"。物的意义在于关联性,就是它如何呈现给我们、如何给予我们。于是20世纪的哲学才启动了关于视域-境遇-世界的讨论,海德格尔和维特根斯坦都是如此。我们看到,现象学哲学比今天的互联网更早地进入对"互联"的思考。万物互联——人物关联、人人关联、物物关联——首先是现象学哲学启发出来的。生活世界被理解为一个个意义生成的世界或者说关联体,相互关联的事物在不同的境域中被把握。20世纪哲学达到了一个听起来十分平常,但实际上具有重大突破意义的点位。

从古典的物之自在性到近代的物之对象性,再到今天的物之关联性或者物之互联性,这是欧洲-西方哲学的三部曲。今天我们早已进入一个新的阶段。但我要说的是,这个物的互联性是技术工业加给我们的。

物之概念之变,我刚才已经说了三种,从"自在"到"为我"到"关联",这样的变化对应于西方哲学的三个阶段:一是 ontology(本体论),二是知识论,三是现象学或者是语言哲学。这个细节我就不说了。同时它们也对应于西方哲学关于"世界"的三次理解，我粗略地把它们描述为自然世界、对象世界和技术生活世界。今天跟我们关联特别密切的是"对象世界"和"技术生活世界"，因为对象世界是欧洲近代自然科学的世界，今天还是我们基本的思维框架；而"技术生活世界"是什么呢？至少在非哲学的一般意义上，可以把它描述为一个人化的或者人造的技术工业世界。当然，像胡塞尔和海德格尔这样的哲学家试图突破惯常性，思考这个技术生活世界背后的东西。但这不是我们今天讨论的重点主题。而对象世界和技术生活世界，这两个世界对今天人类的生活来说却是无比重要的。

第三，时空之变。刚才我们讲了词语的变化和物性的变化，第三个重要的变化是时空经验的变化。世界的经验尺度变了。19世纪以来，哲学家发现了另外一种时空经验，不再是技术物理的时空经验。线性时间观渐渐失去了效力，非线性时间观开启了——我大胆地把它称为"圆性时间观"，当然这还是一个试验性的命名。在技术工业的影响下，自然生活世界发生了巨变，导致了传统线性时间观以及以之为基础的传统精神表达体系的衰落与新世界经验的生成，尤其是开始酝酿一种新的时空观。这方面的关键人物又是马克思和尼采。马克思在开始做哲学的时候是有十分敏感的洞察力的，他说时间和空间是生产的尺度。很遗憾，他后来没有进一步思考下去，忙着去分析和批判资本主义社会了。他第一个认识到，时间和空间是生产的尺度，是人类劳动和生活的尺度，而不是物理学意义上的运动的计量。

然后是尼采。尼采首先以"相同者的永恒轮回"学说尝试一种圆性时间理解，开启了一种以"瞬间－时机"为核心、过去与将来碰撞的循环——圆性的时间经验，即一种与传统线性时间观相区别的非线性时间观。现在我们终于体会到尼采的远见卓识。海德格尔更进一步，他在前期哲学中思考了以"将来"或"未来"为定向的三维循环时间。在过去－当前－将来的时间三维结构中，"将来"是引导性的，只有通过指向"将来"的筹划，"过去"才可能发动起来，"当下"才可能是行动的。这个时间观念当然跟尼采有关。我们看到，海德格尔的《存在与时间》没有一次提及尼采之名，但我估计他暗地里早就在读尼采。这件事情也很有意思，总之这种循环时间是跟尼采有关的。海德格尔后期哲学思想里开展了一种本源性的"时－空"（Zeit-Raum）理解。"时－空"原是一体的，两者的分离是科技时代的事。后期海德格尔做了十分神秘的讨论，比如时间与空间的一体性后来是怎么分离的，但今天我们不拟展开。

换句话说，除了科技时间和空间观，或者说技术－物理的时空观，还有其他不一样的时空经验样式。什么是科技的时间观？人们今天基本上依然坚持着牛顿的线性时间和绝对空间观。我一看，现在时间是 15 点 57 分，这叫线性时间，也被表达为时钟时间、钟表时间。这种时间不断地在流逝，而我们就在流逝中"等死"。空间也很简单，所谓绝对空间是抽象空间，是空虚的空间，它是可以测量的。我一进这个报告厅，不经意间就已经完成了目测，长宽高多少米。我一直觉得西方的空间观是时间经验引发的。线性一维的时间在空间上被表达为长宽高的三维。我甚至有个推测，与西方不一样，中国的时空观念首先是由空间经验引发的，所以我们会说"宇宙"——宇是空间，宙是时间。我们把空间放在前面，欧洲人总是把时间放在前面。是不是可以做一个对照？

再换言之，我们也可以说，除了物的时间空间，还有事的时间空间。物的时空是可测量的－物理的－技术的时间空间，而事的时空是行动的－创造的－艺术的时间空间。前者是形式的和抽象的，而后者是实质的和具体的。我认为，我们可能要进一步关注和探讨的是，在一个技术生活世界里，对于我们实际的生活和创造来说，我们需要什么样的时间空间观念，它不再只是一个技术物理的时间空间表达。

积极生活的理由

当代 / 未来艺术和哲学的任务

我们现在来讲第四个问题：当代艺术和当代哲学的任务是什么。我们前面已经做了一个初步描述，什么是"技术生活世界"，以及"技术生活世界"里最基本的变化，它涉及词、物、时空等现象。未来艺术和未来哲学是我最近一些年的工作重点。问题在于，我们如何理解当代艺术及艺术的未来？哲学的失败——20世纪被讨论得最多的是哲学的"终结"——也是它的机会吗？哲学如何重新启动？当代艺术和当代哲学的使命是什么？所有这些都已经成为我们今天的一个艰深课题。当然，你可以去钻研艺术史和哲学史，这没问题，有必要也很安全，可以在其中自娱自乐，虽然越来越没人理睬你。我们的哲学系大概主要是培养哲学史家的,今天的大部分哲学都是这样的。

我的观点有所不同,我认为,艺术和哲学必须取得"未来性"形态,首先要完成从"历史哲学"向"未来哲学"的方向性转换。我们首先要关注的是,艺术和哲学的未来使命是什么?因为艺术和哲学太重要了,这两个要素是任何一种文明里最核心的东西。在《悲剧的诞生》时期,尼采就说,一个文明的好不好取决于艺术与哲学的关系。我一开始理解不了他的意思,这是什么话?就各自的倾向而言,艺术是创造,哲学是批判;艺术是开启,哲学是保存;艺术是上升,哲学是下降。对于一种文明是这样,对于一种文明中的每个个体亦然。所以尼采也把他的"超人"设想为"艺术-哲学家"或"哲学-艺术家"。需要注意的是,尼采的"超人"作为一个艺术-哲学的理想类型,构成一种二重性的差异化的人性规定。对艺术与哲学的简单二分显然已经不够,尼采想强调的是艺术与哲学各有特性的相互交织,二者相互区分又互为支持。在一个文明大转折期,面对被技术工业深度改造和重塑的技术生活世界,艺术与哲学关系的重构成为一项根本性的任务,因为这种重构本身就意味着新生命世界经验的重建。这是尼采对艺术和哲学的要求。如果艺术和哲学不能为我们正在发生的或已经形成的新世界提供新的经验，那我们要它们何用？

当代艺术已经先行一步。当代艺术首先还是在第二次世界大战以后发生的。特别是从 20 世纪 60 年代开始，当代艺术真正的开创者约瑟夫·博伊斯完成了一个革命性的转向：把艺术当作我们生活世界最重要的构成元素以及每个个体的创造性行为。艺术不再是挂在墙上的一幅画，或者室内的一个雕塑，有空看看，没空就不看了。艺术时刻在发生。每个人的行动、每个人的观念都可能成为艺术的要素，都可能成为艺术的行动。这个转变十分强大。因为这种转变，我一直认为当代艺术是 20 世纪人类最重要的文化现象——没有"之一"。但在我看来，当代艺术不是突发的，而是有其艺术史和思想史的起源的：在艺术史上，我认为当代艺术要追溯到理查德·瓦格纳的"未来艺术"计划，而在思想史/观念史上，当代艺术尤其是以现象学和实存哲学/存在主义哲学为背景的。

从 19 世纪中期开始，哲学也开启了从"天上"到"人间"，从过去/历史向未来的革命性转向。唯物主义者费尔巴哈于 1843 年出版了一本《未来哲学原理》，首次提出"未来哲学"概念；之后有马克思，他开始思考技术工业对生活世界的改造，筹划未来的人类社会形态；尼采以颠倒方式颠覆柏拉图主义的"另一个世界"理想，转而关注此世此在，并且在后期启动了"未来哲学"之思。正是这些哲人开启了哲学人文科学的新局面。他们是他们那个时代的清醒者，他们也是未来世界的预言者。他们当然也知道，哲学人文科学的未来定向是新的生活世界经验，特别是新的时间经验所要求的。

　　时至今日，我们理应有更清醒的头脑，在技术统治的"人类世"里确认艺术和哲学的未来使命，为生活世界经验和未来生命筹划做出贡献。刚才我讲了，"人类世"等于技术人类文明。自然人类精神表达体系趋于崩溃和衰败，自然人类生活世界的经验慢慢失效了，这个时候我们需要来思考，如何应对动荡不定的世界？这种动荡不定已经在我们精神世界里充分展现出来了，今天人类的心思可谓前所未有地不安、不定，精神病患者占人群的比例不断提高。精神生活的不安和动荡未必是坏事——精神本来就是动荡的，不"动"了还叫人吗？但是，如果太不安定了，你无法适应一个个变易的东西，你完全没有了坚实感和稳定感，你不知道自己的手往哪里伸、放在哪里。这时候，很多脆弱的心灵就麻烦了，弄不好就出事了。

积极生活的理由

未来人会怎么样呢？我又想到了尼采。回头来看，虽然尼采时代的技术工业还很不发达，但他当时已经对由技术规定的未来人类形态有了预言。尼采提出了"末人"概念，或者直译为"最后的人"（the last man）。所谓"末人"，尼采说是被计算和被规划的人。我们难以想象尼采当时竟然会说这样的话。今天我们大概就是被计算和被规划的人了，我们大家都成了尼采的"最后的人"，我们是最后的自然人了。我们不断被技术化，被技术工业所绑架，而且是在精神和肉身两个方面被技术化。那么需要思考的是，自然人类被技术化的限度在哪里？人类的自然性与技术性可能达到一种平衡吗？马克思设想的共产主义社会是要达到自然性和技术性的可能平衡吗？未来的生命形态和生活方式是需要重新想象的，我认为这是一个生命哲学的问题。

与此相关的另一个问题是：如何抵抗技术？这里所谓"抵抗"并不是说我们要把技术消灭掉，而首先意味着如何采取一种对技术的适当姿态。比如说，如何面对今天越来越强化的量化－技术化的管理。计量－数量化管理和大数据的监控已是大势所趋，恐怕谁也跑不了。我已经在大学里学习和工作了42年，看到了日益强化的量化管理，这对人文科学来说影响尤其严重，大家都在抱怨，但好像谁也没有办法。今天我们更面临大数据对我们的监控。个体的自由和权利不断受到侵害，这是技术工业或者被利用的技术手段的负面效应。人类已经进入当代艺术家安塞姆·基弗所谓的"数码集中营"中了。基弗是当今世界最重要的艺术家之一，他敏锐地意识到了今天人类的处境，他说要是没有艺术和哲学来抵抗技术的不断控制，每个人都会被数字化，失去自由和个性。今天的艺术人文学——我不想说人文科学——还能做什么？如何进行抵抗？

新世界经验的重建的核心课题是时间和空间经验。未来的艺术和哲学要在线性时间观和技术－物理的空间观之外发现新的时空经验。这方面的许多工作是高难度的，需要多学科的合作推进。我大胆写了一篇文章，题为《圆性时间与实性空间》，试图从尼采和海德格尔出发对时间和空间做一次新的命名，各位有兴趣可以看看。[1]

我认为，未来艺术和哲学的根本目标只有一个：保卫个体自由。为什么这么说？技术工业不断地强化了传统哲学的制度性力量，那种普遍主义和集体主义的力量。这时候才产生了一种新哲学，即实存哲学——后来我们一般翻译为"存

---

[1] 孙周兴.圆性时间与实性空间[M]//孙周兴.人类世的哲学.北京：商务印书馆，2020：189.

在主义",明显不妥。"实存哲学"实际上就是"个体哲学"。但个体哲学一直以来是受到压抑的,直到 20 世纪才终于成为哲学主流之一。个体实存哲学受到压制当然是有哲学的内在逻辑的,哲学史上甚至有言:个体是无法言说的,因为我们只能用公共的、普遍的话语来表达个体,而只要我们用普遍的、公共的话语来表达个体,就肯定伤害了个体,这就是一个悖论。实存哲学——存在主义哲学——是对本质主义 - 普遍主义的主流哲学及其同一性制度的反抗。它是战后当代艺术的观念前提,也是未来哲学的一个背景。

生活世界已经高度形式化／抽象化,已成为一个同一化／同质化的世界,人类自身也正在不断地被同一化／同质化。未来艺术和哲学要认定一个根本目标:保卫个体自由。这一目标是考量当今各种纷繁复杂的主义和理论主张之有效性的试金石。我最近有一个发言在网上传播,其中一个说法是:"保护个体的差异性和多样性,保卫个体的权利和自由,这是所有制度的出发点和着眼点,也是哲学的任务。"判断大大小小各种制度的好坏实际上只有一个依据:看它是否从个体的权利和自由出发进行构造。本质主义者／普遍主义者会跟我急眼:如果没有一个好的集体,怎么可能有个体幸福?这当然是持久的争论了,再挑起这种争论就比较无聊了。我

第七章 | 再问：这个世界还会好吗？

只想说，在技术统治时代，个体和个体自由的优先性是技术文明所要求的，因为在技术工业的加持下，本质主义/普遍主义的制度构造越来越严苛，个体已经没有空间了。技术给我们带来了普遍的可交往性（马克思所谓的"普遍交往"），也就是自由，但技术同时也对每个个体做了格式化的敉平处理，个体殊异性和差异化消失。这是技术的"双刃剑"效应。与此同时，今天和未来更可怕的事情是，技术对个体进行普遍监控，致使个体的权利和自由处于危险境地。

积极生活的理由

再问：这个世界还会好吗？

最后我要再一次追问：这个世界还会好吗？我们需要明白今天人类的形势和未来人类的趋势——我们的"命势"。我想可以用"命势"一词，意思无非是"命运"和"运势"的结合。今日人类的"命势"如何？我想指出几点。

第一，技术统治。意思不难理解，现代技术已经成为文明的主导性势力，是人力无法违抗的势力。当今人类文化当中没有一种要素抵抗得了技术。海德格尔说现代技术是人类的"天命"（Geschick）。命势已定，但这并不是说我们就不抵抗了。我认为在今天和在未来，艺术和哲学（艺术人文学）就是为了抵抗技术而生的。这就关乎姿态，无论是技术乐观主义还是技术悲观主义都过于简单了，都很难成立了。接续海德格尔的思想，我曾提出一种"技术命运论"。"技术命运论"不是逃跑主义，也不是宿命论。技术是"天命"，"天命"要求我们顺应之，但这种顺应不是意味着屈从，而是抵抗——我们需要抵抗，不然我们就会更快速地衰败和毁灭。[1]

第二，技术风险。我们必须正视技术风险，必须以大尺度来观察这个问题。现在越来越清楚的是，文明最终是由基础学科来规定的。现代工业文明起初主要是物化技术（物理工业-化学工业），现在占主导的是数生技术（数学工业-生物学工业）——好像没人说"数学工业"，但我想提出这个概念。物理工业特别是核弹核能，化学工业特别是环境激素，数学工业特别是人工智能，生物学工业特别是基因工程，都在造福于人类的同时给人类带来了致命的风险。现代技术已经进入加速状态，自然人类面临重大的危机。我随便举一个例子：前两天世界气象组织的最新报告指出，未来5年全球气温较工业化前升高1.5摄氏度的概率为50%。听起来不多，但下面这句话更恐怖：北极升温出现异常，是全球平均值的3倍。后果可想而知，可以说后果不堪设想。如果

1　孙周兴.海德格尔与技术命运论[M]//孙周兴.人类世的哲学.北京：商务印书馆，2020：125.

北极全面融化，全球海平面将上升7米。再看看现在的全球极端气候，你能想象前些日子印度新德里的温度是50摄氏度吗？

第三，数字存在。前面说了，今天是"数学工业"的时代，当然也可以把它表达为"数字文化"或"数字工业"。"数字存在"成为一大问题。已经出现和正在生成的"数字存在"样式被莫名其妙地命名为"元宇宙"（metaverse），后者最近被热烈地讨论和炒作。数字虚拟存在将是技术人类的基本存在方式之一。当然，我们的肉身存在还将延续，但我们正在走向另一种存在，更应该说我们已经身陷其中，正在加速实现这一存在方式。今天离开手机、电脑、互联网，你还能生活吗？一个新文明正在形成当中，这种新文明的基本特征就是"数字存在"。

虽然已经不完全，但今天我们依然是自然人类。自然人类如何面对这种"命势"呢？我还想指出三个关键词，是我最近想得比较多的：一是"下降"，二是"转换"，三是"抵抗"。我最近有一个即兴讲话，记录者发布时起了一个标题："文明进入下降通道，生命必须抵抗愚蠢"。这个标题听起来比较突兀，也有些吓人，但后来想想也还不错。所谓的"文明进入下降通道"不仅是指现实的政治经济形势不妙，趋势堪忧，开始下行，动荡不安，而且根本上表达的是一种世界转换，就是自然人类文明不断地下行，转换为技术生活世界。对自然人类文明来说，这必然意味着"下降"，或者如尼采所说的"没落"。但我们大概已经被传统哲学的思维方式控制了：我们总是认为上升是好的，下降是不好的；我们总是认为前进是好的，后退是不好的；我们总是认为积极是好的，消极是不好的；我们总认为上面是好的，下面是不好的。这种二元对立的思维已经成了我们的习惯，难以纠正。但我们真的需要提高警惕，需要有一种"解构"精神。比如，文明的"进步"和"上升"，真的是可以持续的吗？一个不断增熵的文明是不可持续的，斯蒂格勒提出了"负熵"。这位去年自杀的法国哲学家一直在思考增熵与负熵的关系。"负熵"是一种"下降"的力量，它指向技术生活世界经验的重建，这种重建既是抵抗又是扩展，已经是当务之急。

梁漱溟先生的父亲梁济，问完"这个世界会好吗？"之后就投水自尽了。一个朋友在朋友圈里面转了我这个报告的海报，评论说："希望今天的我们问完这个问题以后，不至于如此绝望。"这位朋友的心思明显偏负面。但我们确实需要这样的追问。人生必须有一种彻底的追问和思考，所以才需要哲学。这话好像是胡塞尔说的：哲学本是一种彻底的思考。梁济式的绝望是一种彻底的姿态，但他选择了自杀，选择了一种有违生命本体的自我否定，当然不可取。我们知道叔本华是一个悲观主义者，但即便是叔本华都坚持认为生命意志本体不允许自杀。绝望中的希望、没落中的重启才是正道，才是人生此在的天命。

今天出门之前我还在跟线上的朋友聊这个话题。我最后想把下面这句话送给线上线下的朋友们：无论这个世界原本是好还是不好，它未来一定会好的。有人说这是鸡汤吧？我说不是。或者我更应该换一种说法：无论这个世界好不好，我们必须把它理解为好的。这大概是我研究的哲学家尼采的基本想法，尼采把它叫作"积极的虚无主义"。这世界不好，人生痛苦，生命有限，但人生的虚无、世界的不好，不是我们否定生命、消极生活的理由。学过哲学史的都知道，这一点使尼采与叔本华区分开来了。

后记

2022年上半年疫情防控期间,我前所未有地整整半年没有出城,飞机、高铁通通没有碰过。虽然在杭州市里差不多还可以正常走动,上课、聚会、喝酒基本没啥问题,但"外面的世界"终究是没有了的。直至7月2日早上7点20分,我终于登上了飞往山西太原的飞机,参加我以前的两个学生操办的一个当代艺术展(地点在太原千渡长江美术馆)。我是这个展览的所谓"学术主持",此前我已经擅自把这个展览命名为"另一种存在"了。此刻我想,"外面的世界"就是"另一种存在"吧?

次日下午我待在太原的宾馆里,利用聚餐前的空闲时间翻看最近两年来写的和说的东西，心想要不要凑成一本小书呢？——正好有编辑来信约我出书。我说好像可以出一本，于是决定编这本《积极生活的理由》。

本书差不多是对拙著《人类世的哲学》的一个增补。《人类世的哲学》于2020年在商务印书馆出版后，承蒙学界和读者朋友的厚爱和错爱，居然立即重印了一回。这在今天纸质学术著作日渐衰落的形势下已属难得了。收在本书中的七篇文章，基本是我从《人类世的哲学》出发所做的进一步发挥，其中有一篇甚至本来就是要作为附录收在该书中的，但当时出于某个莫名的原因而被建议删除了。七篇文章中有一篇是论文，两篇是访谈，其他均为演讲稿——即便是这篇论文，也算不上太板正的学术论文。

我曾经想把拙著《人类世的哲学》命名为《生活世界经验的重建——人类世哲学导论》，但后来放弃了这个可能更有显示度的书名——有编辑朋友建议，书名还是隐藏一些好，不可太过直白。眼下这本小书在主旨上也许更切此题，即"生活世界经验的重建"；要说有何发挥和推进的话，本书可能更关注技术生活世界的生命问题。

刚开始编辑本书时，我一共收集了十二篇文章，并且把十二篇文章分为四个部分，每个部分各有三篇。四个部分分

后记

别被命名为"未来的哲学""哲思的方法""抵抗的意义"和"生命的信念"。这大概是我一贯的构造法,规规矩矩的。但关于哲学方法的几篇论文,在主题和文风上实在难以与其他文章搭配起来,最后只好放弃了我拿手的做法,更换成现在这个样子:仅收七篇,且不再分块了。不过,七篇的排序还是有讲究的,体现了一定的推进关系,为此我甚至重拟了几篇文章的标题。

本书大部分文章已经在期刊上发表过,在此我要感谢相关杂志编辑的辛苦劳动。为了形成本书,我对七篇文章做了程度不等的润饰和改造,除了少数两三篇有较大规模的扩展外,主要限于格式的统一和重复文字的删改,所以这里结集出版的文字与期刊上的文章或多或少会有些出入。人可说的话不多,重复是难免的,在某个时段的演讲中更是如此,说来说去总是这点意思。但同时,我也深知,不让人讨厌是做事的道理。书稿的整理虽然费时不少,但到交稿之时,我也还是不尽满意的。

这个世界还会好吗?——这是我的问题,但我也特别愿意与每一位读者朋友一道发起追问。海德格尔有言:"问乃思之虔诚。"在此我更愿意说:追问本身是一种积极的生命姿态。也正因此,我把本书七篇文章的标题全部设为问句,并且为本书加了一个副标题,即"一种未来哲学的追问"。

  本书与我的《未来哲学序曲》和《人类世的哲学》一道,差不多可以构成我的"未来哲学三部曲"。现在回顾我此前出版的几本书,比如《语言存在论》和《后哲学的哲学问题》等,其实也可列入"未来哲学"系列。不知不觉中,仿佛命中注定,我已经在"未来哲学"的路上走了好久、好远。

2022 年 7 月 3 日记于太原

2022 年 9 月 30 日再记于杭州

图书在版编目（CIP）数据

积极生活的理由 / 孙周兴著 . —杭州：浙江教育出版社，2023.12
ISBN 978-7-5722-6484-9

Ⅰ. ①积… Ⅱ. ①孙… Ⅲ. ①未来学－哲学－研究 Ⅳ. ① G303-05

中国国家版本馆 CIP 数据核字（2023）第 161946 号

责任编辑 赵清刚		**美术编辑** 韩　波	
责任校对 马立改		**责任印务** 时小娟	
产品经理 王琪媛　袁依萌		**特约编辑** 李楚姿	

积极生活的理由
JIJI SHENGHUO DE LIYOU

孙周兴　著

出版发行　浙江教育出版社
　　　　　（杭州市天目山路 40 号　电话：0571-85170300-80928）
印　　刷　北京世纪恒宇印刷有限公司
开　　本　880mm×1230mm　1/32
成品尺寸　145mm×210mm
印　　张　7
字　　数　128000
版　　次　2023 年 12 月第 1 版
印　　次　2023 年 12 月第 1 次印刷
标准书号　ISBN 978-7-5722-6484-9
定　　价　55.00 元

如发现印装质量问题，影响阅读，请联系 010-82069336。